深度学习系列

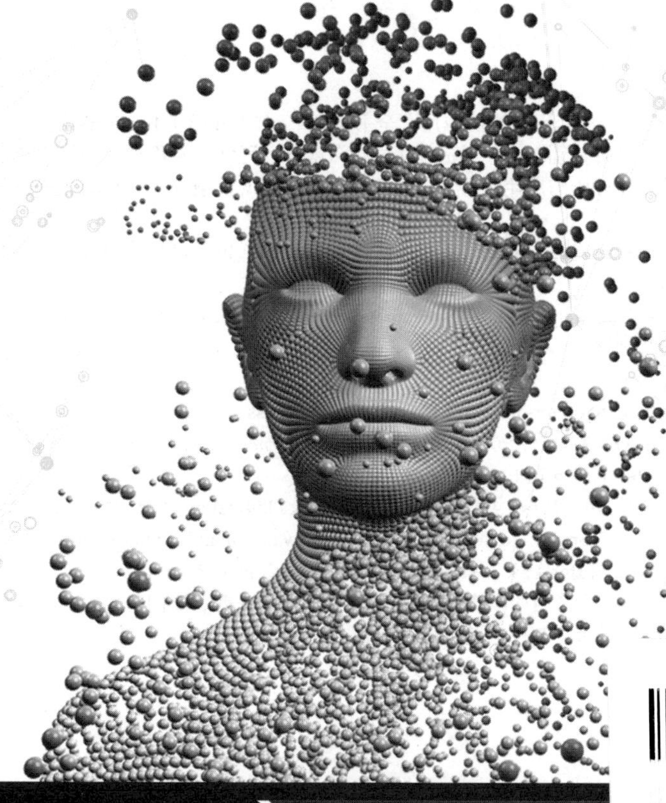

Hands-On Deep Learning with
Uncover what is underneath your data!

基于TensorFlow的深度学习

揭示数据隐含的奥秘

[美]丹·范·鲍克塞尔（Dan Van Boxel） 著
连晓峰 等译

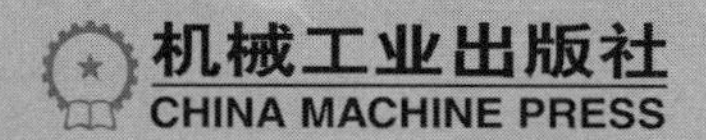

本书主要介绍TensorFlow及其在各种深度学习神经网络中的应用。全书共5章，首先介绍了TensorFlow的入门知识，包括其相关技术与模型以及安装配置，然后分别介绍了TensorFlow在深度神经网络、卷积神经网络、递归神经网络中的应用，并通过具体示例进行了详细分析与应用。最后，对上述TensorFlow模型进行了总结分析，并核验了模型精度。

本书可作为从事机器学习、深度学习、人工智能等领域的工程技术人员的参考书，也可供高等院校相关专业本科生、研究生以及教师学习参考。

Hands-On Deep Learning with TensorFlow：Uncover what is underneath your data! / by Dan Van Boxel / ISBN：978-1-78728-277-3

图书在版编目（CIP）数据

基于TensorFlow的深度学习：揭示数据隐含的奥秘 /（美）丹·范·鲍克塞尔（Dan Van Boxel）著；连晓峰等译．—北京：机械工业出版社，2018.2

书名原文：Hands-On Deep Learning with TensorFlow: Uncover what is underneath your data!

ISBN 978-7-111-58873-3

Ⅰ．①基… Ⅱ．①丹… ②连… Ⅲ．①人工智能－算法－研究 Ⅳ．① TP18

中国版本图书馆 CIP 数据核字（2018）第 000853 号

机械工业出版社（北京市百万庄大街 22 号 邮政编码 100037）
策划编辑：顾 谦 责任编辑：顾 谦
责任校对：王明欣 责任印制：孙 炜
北京中兴印刷有限公司印刷
2018 年 4 月第 1 版第 1 次印刷
184mm × 240mm · 6.25 印张 · 130 千字
0 001—4 100 册
标准书号：ISBN 978-7-111-58873-3
定价：39.00 元

译者序

人工智能，尤其是机器学习领域的深度学习是目前的热点研究领域之一，而 TensorFlow 是研究深度学习的重要库。

TensorFlow 是由 Google 公司开发，并于 2015 年开放的一种用于机器学习和训练神经网络的开源软件库。本书着重基于 TensorFlow 来构建简单和深度神经网络模型，并通过具体分类示例进行分析与说明。

全书共 5 章：第 1 章首先介绍了 TensorFlow 的入门知识，包括 TensorFlow 的技术和模型以及安装与配置；第 2 章介绍了 TensorFlow 在深度神经网络中的原理与应用，并构建和训练了相应的神经网络；第 3 章将卷积运算应用于 TensorFlow 构建的神经网络中，着重解释了卷积层和池化层；第 4 章介绍了递归神经网络模型的概念，并在 TensorFlow 中进行具体实现，详细介绍了权重提取过程；最后，在第 5 章对 TensorFlow 在不同神经网络中的应用进行了分析总结，并核验了其模型精度。全书结合具体示例，易于理解掌握。

本书主要由连晓峰翻译，韩忠明校正统稿，贾涵、潘兵、叶璐、王炎、申震云、郭朝晖等人也参与了部分内容的翻译和整理。

需说明的是，书中向量、矢量、张量、矩阵为与原书形式一致，并未改为标准的黑斜体，请读者注意。

由于译者的水平有限，书中不当或错误之处恳请各位业内专家学者和广大读者不吝赐教。

译　者

原书前言

TensorFlow 是一种用于机器学习和训练神经网络的开源软件库。TensorFlow 最初是由 Google 公司开发，并于 2015 年开放源码。

通过本书，您将学习到如何使用 TensorFlow 解决新的研究问题。同时，会利用其中一种基于 TensorFlow 的最常用的机器学习方法和神经网络方法。本书的研究工作主要是致力于通过简单和深度神经网络来改进模型。

在此，研究各种字体的字母和数字图像，其目的是根据一个字母的特定图像来识别字体。这是一个简单的分类问题。

不仅单个像素或位置，而且像素间的局部结构也是非常重要的，这对于基于 TensorFlow 的深度学习是一个理想问题。尽管是从简单模型开始，但将逐步介绍更加细微的方法，并逐行解释代码。在本书的结尾处，将可构建出自己的字体识别先进模型。

所以请准备好：利用 TensorFlow 深入挖掘数据资源。

本书主要内容

第 1 章 入门知识，介绍了使用 TensorFlow 的技术和模型。在本章，将介绍在计算机上安装 TensorFlow。经过简单计算的一些步骤，将进入机器学习问题，并成功构建包含逻辑回归和几行 TensorFlow 代码的适当模型。

第 2 章 深度神经网络，介绍了 TensorFlow 在深度神经网络中的主要原理。在此，将学习单隐层和多隐层模型。同时还将了解不同类型的神经网络，并利用 TensorFlow 构建和训练第一个神经网络。

第 3 章 卷积神经网络，阐述了深度学习方面最强大的发展潜力，并将卷积概念应用于 TensorFlow 的一个简单示例中。在此将着重处理卷积理解的实际问题。另外，还通过一个 TensorFlow 示例解释神经网络中的卷积层和池化层。

第 4 章 递归神经网络，介绍了递归神经网络（RNN）模型的概念，及其在 TensorFlow 中的实现。在此重点分析称为 TensorFlow 学习（TensorFlow learn）的一个 TensorFlow 的简单界面。另外，还简单演示了密集连接神经网络（DNN）以及卷积神经网络（CNN），并详细介绍了提取权重过程。

第 5 章 总结整理，完成所考虑的 TensorFlow。重新分析字体分类的 TensorFlow 模型，并核验其模型精度。

学习本书所需的准备工作

本书将介绍如何安装 TensorFlow，因此需要准备一些依赖软件。至少需要一个最新版本的 Python2 或 Python3 以及 NumPy。为更好地学习本书，还应具有 Matplotlib 和 IPython。

本书读者对象

随着深度学习逐渐成为主流，利用深度学习网络获取数据并得到准确结果变得可能。Dan Van Boxel 可指导读者探索深度学习中的各种可能性。它将使读者能够从未像过去那样理解数据。依据 TensorFlow 的效率和简单性，读者可以有效处理数据，并获得可改变看待数据的洞察力。

约定惯例

在本书中，读者会发现许多可区分不同信息类型的文本风格。下面给出上述风格的一些示例，并解释其相应的含义。

在文本、数据表名称、文件夹名称、文件名、文件扩展名、路径名称、虚拟 URL、用户输入和 Twitter 句柄等中的代码如下所示："首先需要做的第一件事是下载本书的源码包，并打开 simple.py 文件"。

一段代码设置如下：

```
import tensorflow as tf
# You can create constants in TF to hold specific values
a = tf.constant(1)
b = tf.constant(2)
```

若希望强调一段代码中的特定部分，则设置相关的行或项为粗体：

```
import tensorflow as tf
# You can create constants in TF to hold specific values
a = tf.constant(1)
b = tf.constant(2)
```

任何命令行的输入或输出都如下：

```
sudo pip3 install ./tensorflow-1.2.1-cp35-cp35m-linux_x86_64.
Whl
```

新项和**关键词**用黑体显示。读者在屏幕上看到的单词，如菜单或对话框中，会显示为如下文本格式："单击 +New 创建一个新文件。在此将创建一个 Jupyter 笔记本"。

警告或重要信息会显示在这样的框中

提示和技巧会这样显示

读者反馈

欢迎读者反馈意见。让作者了解读者对本书的看法，喜欢什么或不喜欢什么。读者反馈对于作者开发真正让读者受益的主题非常重要。

若要给作者反馈意见，只需发送邮件到 feedback@packtpub.com，并在邮件标题中注明书名。

如果有读者擅长的主题或有兴趣参与撰写或出版的书，请查看 www.packtpub.com/authors 上的作者指南。

用户支持

既然读者购买了 Packt 出版社出版的书，那么出版社将会帮助读者获得最大收益。

示例代码下载

读者可以在 http://www.packtpub.com 上根据账户下载本书的示例代码。如果想要购买本书电子版，可以访问 http://www.packtpub.com/support 并注册，将直接通过电子邮件发送给读者。

下载代码文件步骤如下：

1）通过邮件地址和密码在网站上登录或注册。

2）鼠标指向顶部的 SUPPORT 选项。

3）单击 Code Downloads & Errata。

4）在 Search 框中输入书名。

5）选择想要下载代码文件的书。

6）在下拉菜单中选择购买本书的方式。

7）单击 Code Download。

读者也可以通过单击 Packt 出版社网站上本书网页的 Code Files 按钮来下载代码文件。通过在 Search 框中输入书名来访问该页面。需要注意的是，应首先通过 Packt 账户登录。

下载完成后，请用以下软件最新版本来解压文件夹：

- WinRAR / 7-Zip for Windows。
- Zipeg / iZip / UnRarX for Mac。
- 7-Zip / PeaZip for Linux。

本书的代码包还托管在 GitHub 上，https://github.com/PacktPublishing/Hands-On-Deep-Learning-with-TensorFlow。另外在 https://github.com/PacktPublishing/ 上的大量图书和视频目录中还有其他代码包。请查阅！

下载本书彩页

本书还提供了书中截图 / 图表的彩色 PDF 文件，这些彩页将有助于读者更好地理解输出变化，可从 https://www.packtpub.com/sites/default/files/HandsOnDeepLearningwithTensorFl

ow.pdf 下载该文件。

勘误

尽管已尽力确保内容准确，但仍然难免会有错误。如果读者在书中发现了错误、文本或代码错误，如果能及时告知，将不胜感激。这样会帮助其他读者，并有助于在本书的后续版本中进行完善。如果读者发现任何错误，请访问 http://www.packtpub.com/submit-errata 告知。首先选择书名，点击勘误提交表单链接，然后输入详细的勘误内容。一旦通过验证，将会接受读者的提交并将勘误表上传网站，或在该标题的勘误部分下添加到现有的勘误表中。

若要查看已提交的勘误表，请访问 https://www.packtpub.com/books/content/support，并在搜索栏中输入书名。相关信息将会显示在 Errata 部分中。

版权保护

在互联网上受版权保护的资料，涉及的盗版问题是一个存在于所有媒体的严重问题。Packt 出版社非常重视保护版权和许可。如果读者在网上发现任何非法复制的作品，请立即提供地址和网址，以便追踪索赔。请通过 copyright@packtpub.com 联系我们，并提供疑似盗版材料的链接。非常感谢您在保护作者和为您提供宝贵内容方面的帮助。

问题

如果读者对本书有任何问题，请通过 questions@packtpub.com 联系我们，我们将竭尽全力为读者解决。

关于作者

Dan Van Boxel 是一位拥有 10 多年开发经验的数据分析师和机器学习工程师，其最具代表性的工作是 Dan Dose Data，这是一个在 YouTube 上演示神经网络强大功能和缺陷的直播平台。作者已开发出多种有关机器学习的新统计模型，并应用于高速运输货车计费、行程时间异常检验等领域。另外，作者还在美国交通研究委员会和其他学术期刊上发表了学术论文并给出了研究结果。

www.PacktPub.com 电子书、折扣优惠等

下载本书相关的文件资料，请访问 www.PacktPub.com。

您是否知道 Packt 出版社为每本出版发行的书都提供了电子书版本，其中包括 PDF 和 ePub 文件？您可以通过 www.PacktPub.com 升级电子书版本，作为纸质版用户，还可以享受电子书的折扣。有关更多详细信息，请通过 customercare@packtpub.com 与我们联系。

在 www.PacktPub.com，读者还可以阅读免费技术文章，订阅一系列免费时事通信，并获得 Packt 出版社纸制书和电子书的独家折扣和优惠。

使用 Mapt 可获得最需要的软件技能。Mapt 可让读者充分访问所有 Packt 出版社的图书和视频课程，以及行业领先的工具，帮助读者规划个人发展并推动读者的事业发展。

为什么订阅？

- 可以在 Packt 出版社发行的每本书中全面搜索。
- 复制、粘贴、打印和标注内容。
- 可通过 web 浏览器访问。

目　录

第 1 章 入门知识

TensorFlow 是由 Google 公司最新发布的一种新的机器学习和图计算库，其 Python 接口保证了常见模型的简洁设计，而其编译后端又可确保运算速度。

接下来首先了解应用 TensorFlow 将要学习的技术和构建的模型。

1.1 TensorFlow 安装

在本节，将学习什么是 TensorFlow、如何安装以及如何构建建模模型并进行简单计算。然后，将学习如何构建一个分类逻辑回归模型，并引入机器学习问题来帮助读者学习 TensorFlow。

接下来，学习 TensorFlow 是什么类型的库，并在 Linux 机器上进行安装，如果无法访问 Linux 机器，则学习一个免费的 CoCalc 实例。

1.1.1 TensorFlow- 主界面

首先，什么是 TensorFlow？ TensorFlow 是一种 Google 公司发布的新的机器学习库，设计简单易、用且运算速度快。访问 TensorFlow 网站 tensorflow.org，将会获得有关 TensorFlow 是什么以及如何使用的丰富信息。后面将会经常提到这一点，特别是文档。

1.1.2 TensorFlow- 安装页面

在开始学习 TensorFlow 之前，首先需要进行安装，因为它不会预装在操作系统中。在 TensorFlow 页面的 Install 选项上，单击 Installing TensorFlow on Ubuntu，并单击 "native" pip，开始学习如何安装 TensorFlow。

安装 TensorFlow 具有一定难度，即使是对于经验丰富的系统管理员。因此，强烈推荐使用类似 pip 安装；另外，如果熟悉 Docker，也可采用 Docker 安装。也可从源文件直接安装 TensorFlow，但这可能会非常麻烦。在此，将采用一个称为 wheel 文件的预编译二进制文件来进行 TensorFlow 安装。可通过 Python 的 pip 模块安装程序来安装此文件。

1.1.3 通过 pip 安装

对于 pip 安装，可选择采用 Python 2 或 Python 3 版本。另外，还可选择 CPU 或 GPU 版本。如果所使用的计算机中具有功能强大的显卡，则 GPU 版本更加适合。

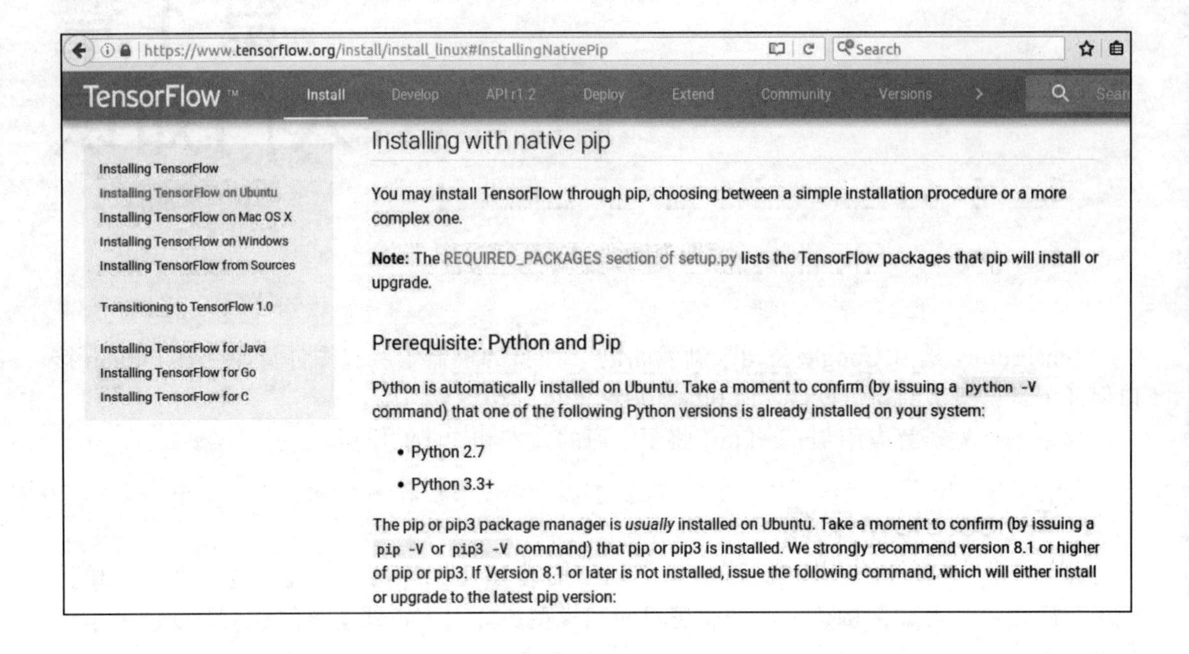

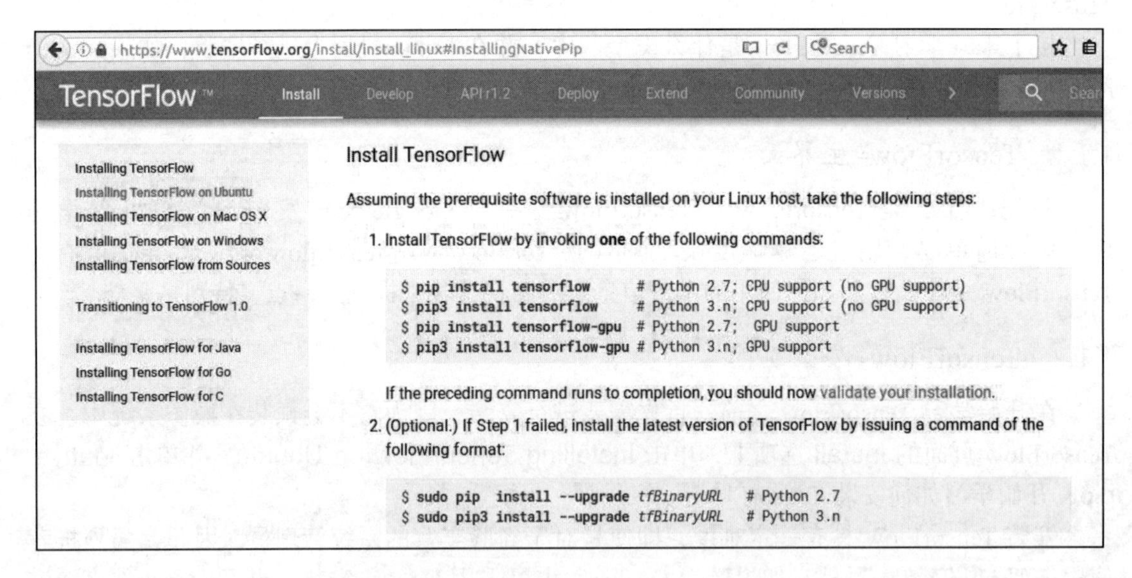

然而，需要检查显卡是否与 TensorFlow 兼容。如果不兼容，那该系列的所有版本都只能采用 CPU 版本。

可通过 pip install tensorflow 命令来安装 TensorFlow（取决于 CPU 或 GPU 是否支持版本以及 pip 版本），如上述截图所示。

在此，复制下列语句，即可安装 TensorFlow：

```
# Python 3.4 installation

sudo pip3 install --upgrade \

https://storage.googleapis.com/tensorflow/linux/cpu/
tensorflow-1.2.1-cp34-cp34m-linux_x86_64.whl
```

如果没有 wheel 文件所需要的 Python 3.4，没关系，仍然可以使用同样的 wheel 文件。接下来，看一下 Python 3.5 如何实现。首先，需要直接下载 wheel 文件，在浏览器中输入下列网址或使用命令行语句，如下面所采用的 wget：

```
wget https://storage.googleapis.com/tensorflow/linux/cpu/
tensorflow-1.2.1-cp34-cp34m-linux_x86_64.whl
```

如果按上述步骤下载，计算机会很快找到。

现在，需要做的就是把文件名称从代表 Python 3.4 的 cp34 变为所使用的 Python 3 的任意版本。在此，需将其更改为 Python 3.5 的一个版本，因此从 4 变为 5：

```
mv tensorflow-1.2.1-cp34-cp34m-linux_x86_64.whl tensorflow-
1.2.1-cp35-cp35m-linux_x86_64.whl
```

这样就可通过简单改变安装命令行为 pip3 install 并在将其改为 3.5 后更改新的 wheel 文件名来安装 Python 3.5 下的 TensorFlow：

```
sudo pip3 install ./tensorflow-1.2.1-cp35-cp35m-linux_x86_64.
Whl
```

可以看到运行正常。这时表明 TensorFlow 已安装完成。

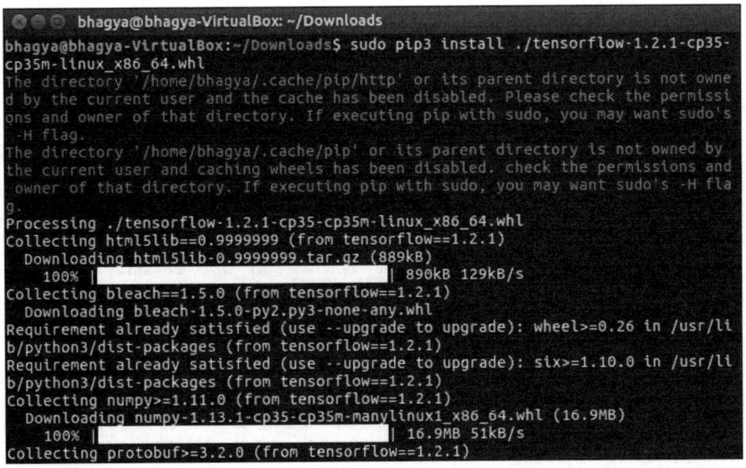

```
bhagya@bhagya-VirtualBox: ~/Downloads
bhagya@bhagya-VirtualBox:~/Downloads$ sudo pip3 install ./tensorflow-1.2.1-cp35-
cp35m-linux_x86_64.whl
The directory '/home/bhagya/.cache/pip/http' or its parent directory is not owne
d by the current user and the cache has been disabled. Please check the permissi
ons and owner of that directory. If executing pip with sudo, you may want sudo's
 -H flag.
The directory '/home/bhagya/.cache/pip' or its parent directory is not owned by
the current user and caching wheels has been disabled. check the permissions and
 owner of that directory. If executing pip with sudo, you may want sudo's -H fla
g.
Processing ./tensorflow-1.2.1-cp35-cp35m-linux_x86_64.whl
Collecting html5lib==0.9999999 (from tensorflow==1.2.1)
  Downloading html5lib-0.9999999.tar.gz (889kB)
    100% |████████████████████████████████| 890kB 129kB/s
Collecting bleach==1.5.0 (from tensorflow==1.2.1)
  Downloading bleach-1.5.0-py2.py3-none-any.whl
Requirement already satisfied (use --upgrade to upgrade): wheel>=0.26 in /usr/li
b/python3/dist-packages (from tensorflow==1.2.1)
Requirement already satisfied (use --upgrade to upgrade): six>=1.10.0 in /usr/li
b/python3/dist-packages (from tensorflow==1.2.1)
Collecting numpy>=1.11.0 (from tensorflow==1.2.1)
  Downloading numpy-1.13.1-cp35-cp35m-manylinux1_x86_64.whl (16.9MB)
    100% |████████████████████████████████| 16.9MB 51kB/s
Collecting protobuf>=3.2.0 (from tensorflow==1.2.1)
```

如果在安装过程中出现某种程度的错误，则可以随时跳转到该阶段，以提醒安装过程中所经历的各个步骤。

1.1.4 通过 CoCalc 安装

如果没有管理权限或安装权限但仍想体验 TensorFlow，可以在网上的一个 CoCalc 实例来尝试运行 TensorFlow。访问 https://cocalc.com/ 并创建一个新账户，即可创建一个新工程项目。这将为读者提供一种虚拟机的形式。为方便起见，TensorFlow 已安装在 Anaconda 3 内核。

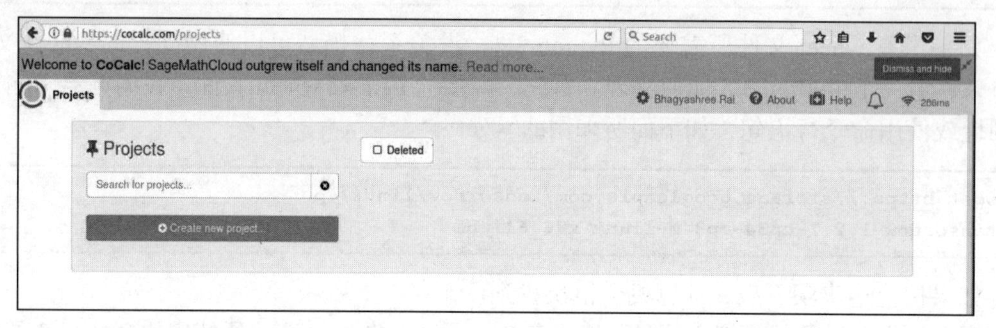

在此，创建一个称为 TensorFlow 的新工程。点击 +Create new project...，输入工程项目的标题，然后单击 Create Project。这时就可通过点击标题进入工程项目。加载过程需几秒时间。

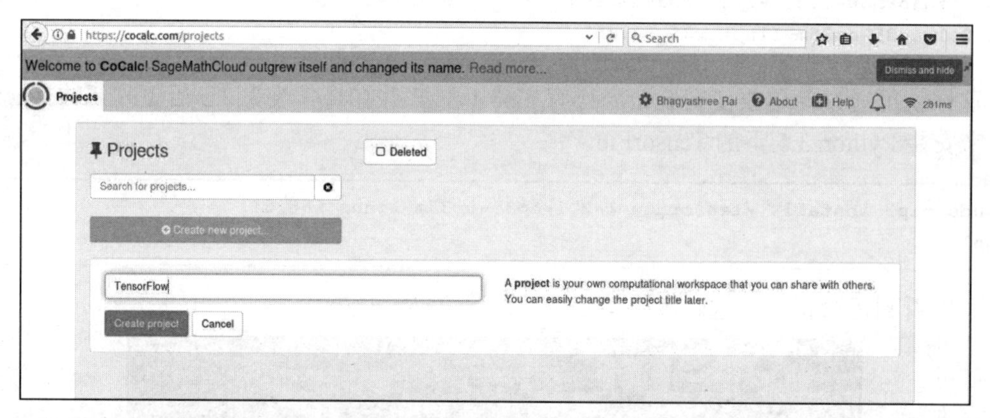

点击 +New 来创建新文件。在此，将创建一个 Jupyter Notebook：

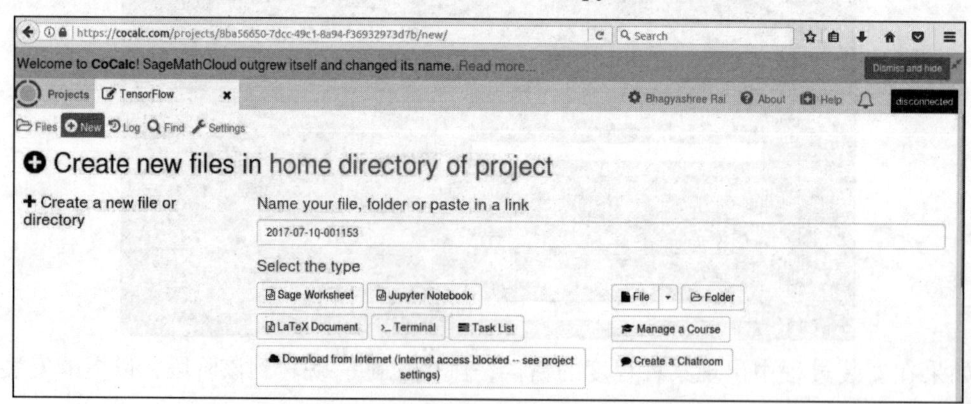

Jupyter 是一种与 IPython 交互的便捷方式，也是采用 CoCalc 进行计算的主要手段。可能需要几秒的时间进行加载。

在进入下面所示截图的界面后，需要做的第一件事是通过执行 Kernel | Change kernel... | Python 3 (Anaconda) 来改变 Anaconda Python 3 的内核：

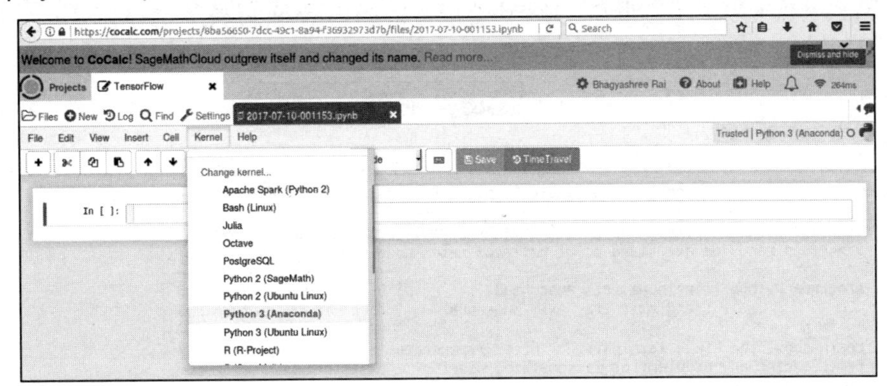

这会为读者提供使用 TensorFlow 所需的正确依赖项。更改内核可能需要几秒的时间。一旦连接到新内核，可在 cell 菜单中输入 import tensorflow，并进入 Cell | Run Cells 来检查其是否有效：

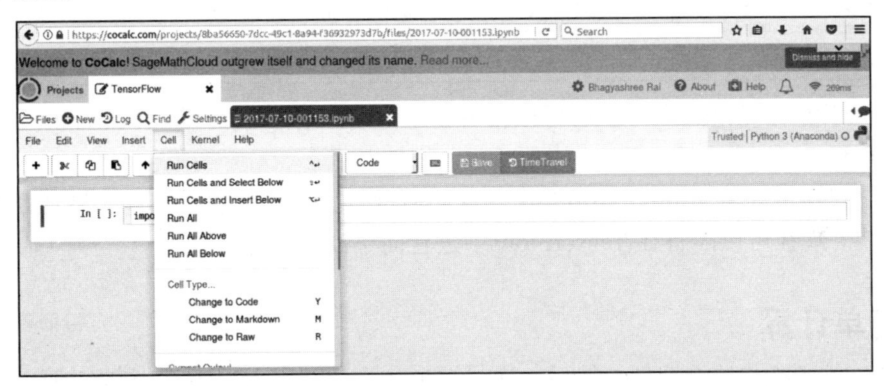

如果 Jupyter Notebook 需要较长时间加载，可利用下面的截图所示的按钮来创建一个 CoCalc 终端：

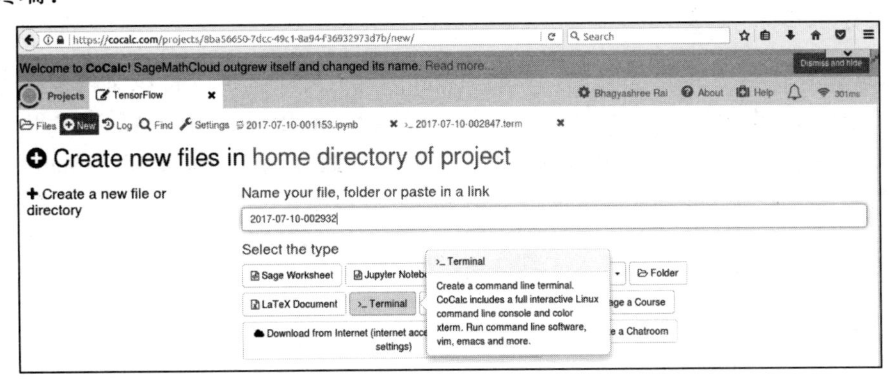

这时，输入 anaconda3 来切换工作环境，然后输入 ipython3 来启动交互式 Python 会话，如下面的截图所示：

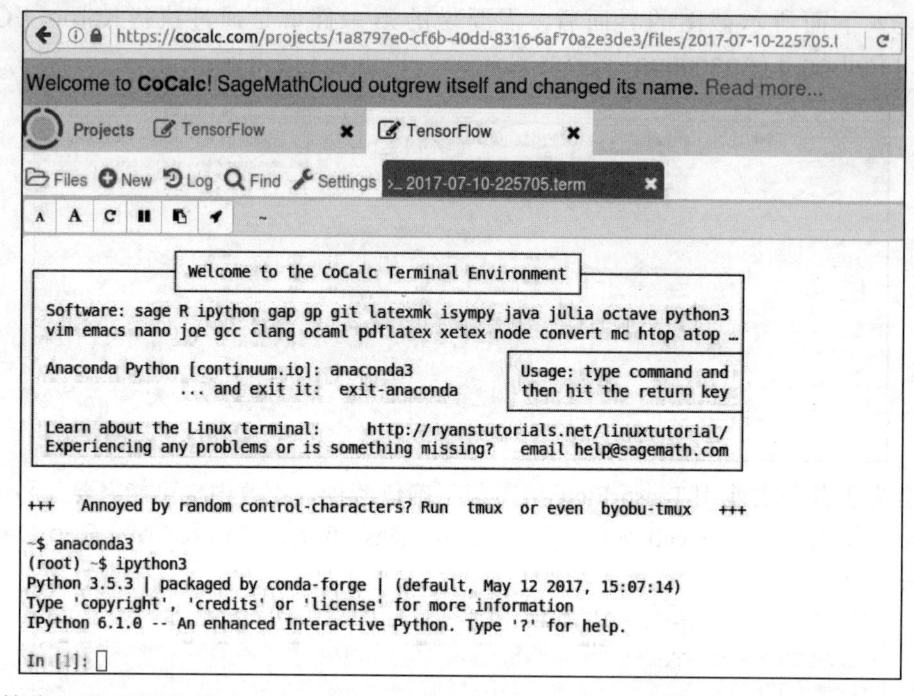

尽管尚不能可视化输出，但已可以很容易地进行工作。在终端输入 import tensorflow，即可自动运行。

至此，已学习了什么是 TensorFlow 以及如何进行安装，无论是本地安装还是在网络上虚拟机安装。现在可以准备在 TensorFlow 中进行简单计算的探讨了。

1.2 简单计算

首先，研究张量对象类型。然后，通过图形化理解 TensorFlow 来定义计算。最后，在会话中运行图形，表明如何替代中间值。

1.2.1 定义标量和张量

首先需要下载本书的源代码包，并打开 simple.py 文件。可以将该文件复制并粘贴到 TensorFlow 或 CoCalc 中，或直接输入。首先，导入 tensorflow as tf。这是在 Python 中进行引用的一种便捷方式。若要在 tf.constant 调用中保持常数。例如，设 a=tf.constant(1) 且 b=tf.constant(2)：

```
import tensorflow as tf
# You can create constants in TF to hold specific values
a = tf.constant(1)
b = tf.constant(2)
```

当然，也可通过相加或相乘来获得其他值，记为 c 和 d：

```
# Of course you can add, multiply, and compute on these as
you like
c = a + b
d = a * b
```

TensorFlow 数值保存在 tensors 中，这是一个多维数组项。如果将一个 Python 列表传递给 TensorFlow，则会自动运行并将其转换成适当维度的张量。可通过下列代码进行阐述：

```
# TF numbers are stored in "tensors", a fancy term for
multidimensional arrays. If you pass TF a Python list, it
can convert it
V1 = tf.constant([1., 2.]) # Vector, 1-dimensional
V2 = tf.constant([3., 4.]) # Vector, 1-dimensional
M = tf.constant([[1., 2.]])            # Matrix, 2d
N = tf.constant([[1., 2.],[3.,4.]])    # Matrix, 2d
K = tf.constant([[[1., 2.],[3.,4.]]]) # Tensor, 3d+
```

一个一维张量的向量 V1 赋值为 [1.,2.] 的 Python 列表，句点只是提示在 Python 中将数值存储为十进制数而不是整数。向量 V2 赋值为 [3.,4.] 的另一个 Python 列表。变量 M 是一个由 Python 列表组成的二维矩阵，即在 TensorFlow 中创建一个二维张量。变量 N 也是一个二维矩阵。值得注意的是，该变量实际上具有多行。最后，K 是一个具有三维的真正张量。注意，最后一维中包括一个元素，即一个 2*2 的矩阵。

不用担心上述定义有点混乱。只要看到一个新变量，可返回到该处来理解这是什么变量。

1.2.2 张量计算

在此，可进行简单计算，如张量相加：

```
V3 = V1 + V2
```

另外，还可进行元素相乘，即每个对应位置相乘：

```
# Operations are element-wise by default
M2 = M * M
```

然而，对于实际的矩阵乘法，需要采用 tf.matmul，并输入两个张量作为参数：

```
NN = tf.matmul(N,N)
```

1.2.3 执行计算

到目前为止，所有操作都只是指定 TensorFlow 图，还没有进行任何计算。若要执行计算，需要启动一个执行计算的会话。通过下面的代码来创建一个新会话：

```
sess = tf.Session()
```

一旦打开会话，执行 sess.run(NN) 将会对给定表达式进行计算并返回一个数组。通过以下操作，可很容易地为变量赋值：

```
output = sess.run(NN)
print("NN is:")
print(output)
```

若执行上述代码，将会在屏幕上看到 NN 输出量的正确张量数组形式：

```
In [16]: print("NN is:")
NN is:

In [17]: print(output)
[[  7.  10.]
 [ 15.  22.]]

In [18]:
```

执行上述会话之后，最好将其关闭，就像关闭一个文件句柄一样：

```
# Remember to close your session when you're done using it
sess.close()
```

对于交互式操作，可采用 tf.InteractiveSession()，如：

```
sess = tf.InteractiveSession()
```

这样就可以很容易地计算任何节点的值。例如，输入下列代码并执行，将会输出 M2 的值：

```
# Now we can compute any node
print("M2 is:")
print(M2.eval())
```

1.2.4 张量变量

当然，并不是所有数值都是常数。例如，为更新一个神经网络的权重，需要采用 tf.Variable 来创建合适的对象：

```
W = tf.Variable(0, name="weight")
```

TensorFlow 中的变量并不是自动初始化的。为此，需要采用一个称为 tf.global_variables_initializer() 的特定调用，然后通过 sess.run() 来执行该调用：

```
init_op = tf.global_variables_initializer()
sess.run(init_op)
```

这是为该变量赋值。在此，是将数值 0 赋予变量 W。接下来，验证 W 是否有该值：

```
print("W is:")
print(W.eval())
```

在 cell 中可看到一个 W 为 0 的输出值：

```
In [26]: print("W is:")
W is:

In [27]: print(W.eval())
0
```

然后，观察与 a 相加后有什么变化：

```
W += a
print("W after adding a:")
print(W.eval())
```

已知 a 为 1，因此可得到期望值 1：

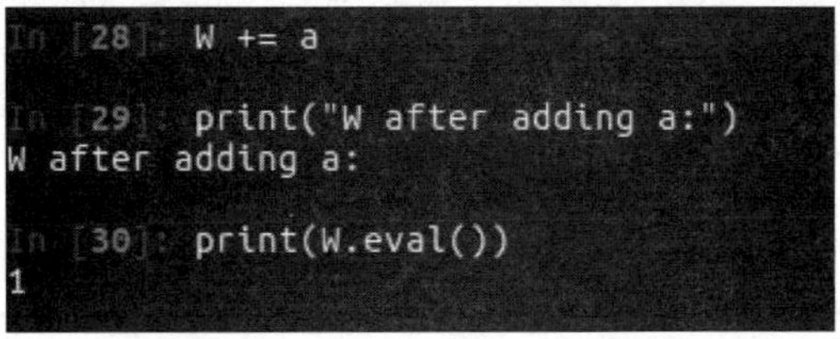

```
In [28]: W += a

In [29]: print("W after adding a:")
W after adding a:

In [30]: print(W.eval())
1
```

若再次与 a 相加，来验证是否增量加 1，可知 W 确实是一个变量：

```
W += a
print("W after adding a:")
print(W.eval())
```

此时，可看到 W 为 2，因为执行两次与 a 相加的增量操作：

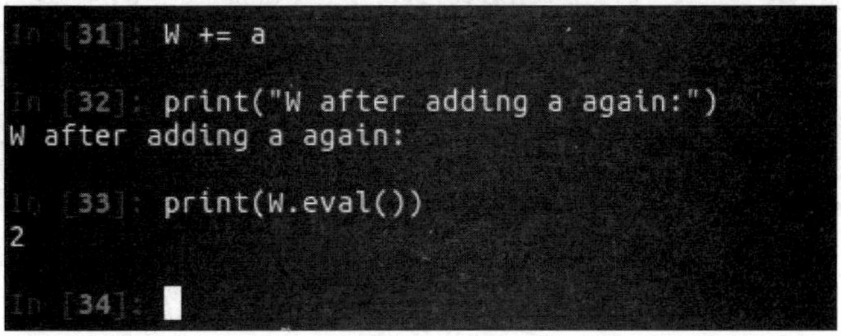

```
In [31]: W += a

In [32]: print("W after adding a again:")
W after adding a again:

In [33]: print(W.eval())
2

In [34]:
```

1.2.5 查看和替换中间值

在执行 TensorFlow 计算时，可返回或提供任意节点。在此，定义一个新节点，并同时在一次提取调用中返回另一个节点。首先，定义新节点 E，如下所示：

```
E = d + b # 1*2 + 2 = 4
```

观察 E 一开始时为多大：

```
print("E as defined:")
print(E.eval())
```

正如预期那样，可看到 E 等于 4。这时，来观察如何在多个节点 E 和 d 中赋值，通过 sess.run 调用可返回多个值：

```
# Let's see what d was at the same time
print("E and d:")
print(sess.run([E,d]))
```

可看到输出返回的多个值，即 4 和 2：

```
In [37]: print("E and d:")
E and d:

In [38]: print(sess.run([E,d]))
[4, 2]
```

现在假设想要使用一个不同的中间值，例如用于调试。在计算过程中返回一个值时，可采用 feed_dict 为任何一个节点提供自定义值。设现在 d 等于 4，来代替 2：

```
# Use a custom d by specifying a dictionary
print("E with custom d=4:")
print(sess.run(E, feed_dict = {d:4.}))
```

切记，E 等于 d+b，且 d 和 b 的值均为 2。由于已对 d 赋予新值 4，此时可看到 E 的值输出为 6：

```
In [39]: print("E with custom d=4:")
E with custom d=4:

In [40]: print(sess.run(E, feed_dict = {d:4.}))
6

In [41]: 
```

现在，已学会如何通过 TensorFlow 张量进行核心计算。接下来，开始构建一个逻辑回归模型。

1.3 逻辑回归模型建模

现在，开始构建一个真正的机器学习模型。首先，考虑一个机器学习问题：字体分类。然后，回顾一个简单的分类算法，即**逻辑回归算法**。最后，在 TensorFlow 中实现逻辑回归分析。

1.3.1 导入字体分类数据集

在进行之前，需加载所有必需的模块：

```
import tensorflow as tf
import numpy as np
```

如果复制并粘贴到 IPython，一定要确保自动缩进属性设置为 OFF：

```
%autoindent
```

tqdm 模块是可选项，只是显示进度条：

```
try:
    from tqdm import tqdm
except ImportError:
    def tqdm(x, *args, **kwargs):
        return x
```

接下来，设置种子数为 0，只是为了使得一致性数据在运行过程中分裂：

```
# Set random seed
np.random.seed(0)
```

在本书中，提供了 5 种字体的字符图像数据集。为方便起见，这些数据集存储在压缩文件 NumPy 中（data_with_labels.npz），该压缩文件位于本书的下载资源包中。通过 numpy.load 可方便地将其加载到 Python 中：

```
# Load data
data = np.load('data_with_labels.npz')
train = data['arr_0']/255.
labels = data['arr_1']
```

其中，变量 train 中保存从 0 到 1 的实际像素值，变量 labels 为相应的字体类型。因此，由于总共有 5 种字体，labels 可为 0、1、2、3 或 4。可输出打印这些值，在此，采用下列代码进行查看：

```
# Look at some data
print(train[0])
print(labels[0])
```

然而，这并没有太多意义，因为大部分值都为零，而只有屏幕中间部分的值中包含图像数据：

```
In [8]: print(train[0])
[[ 0.  0.  0. ...,  0.  0.  0.]
 [ 0.  0.  0. ...,  0.  0.  0.]
 [ 0.  0.  0. ...,  0.  0.  0.]
 ...,
 [ 0.  0.  0. ...,  0.  0.  0.]
 [ 0.  0.  0. ...,  0.  0.  0.]
 [ 0.  0.  0. ...,  0.  0.  0.]]

In [9]: print(labels[0])
0

In [10]:
```

如果已安装 Matplotlib，此时非常适合导入。在此，采用 plt.ion() 自动提取所需数据：

```
# If you have matplotlib installed
import matplotlib.pyplot as plt
plt.ion()
```

每种字体的字符示例图像如下：

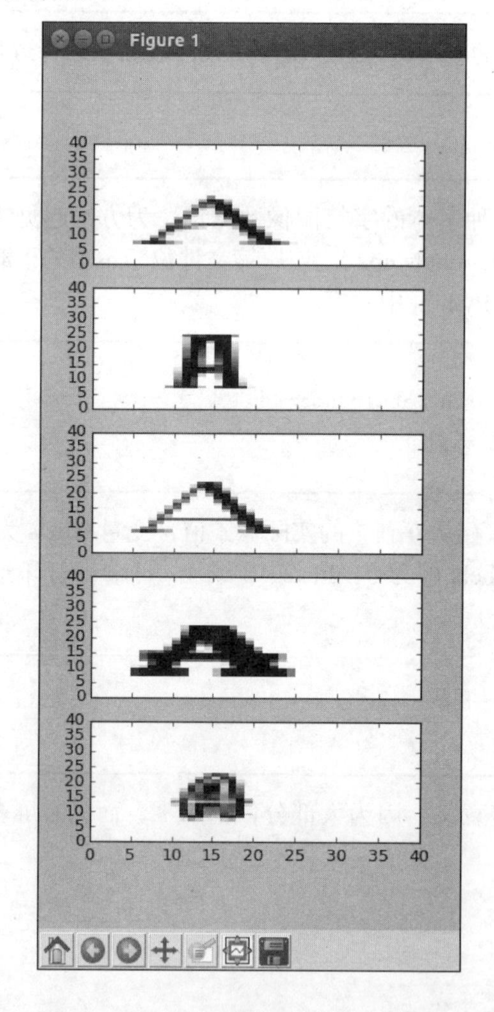

可以看到这些字体非常华丽。在数据集中，每幅图像表示为 36 × 36 的像素灰度值二维矩阵。0 表示白色像素，而 255 表示黑色像素。0~255 的值表示灰度。在机器上显示上述字体的代码如下：

```
# Let's look at a subplot of one of A in each font
f, plts = plt.subplots(5, sharex=True)
c = 91
for i in range(5):
    plts[i].pcolor(train[c + i * 558],
                   cmap=plt.cm.gray_r)
```

若显示图形较宽，可通过鼠标调整窗口大小。如果只是简单地交互式绘制图形，在 Python 中需要提前进行大量操作来进行调整。目的是在给定已有许多其他标签的字体图像情况下，确定某一幅图像属于何种字体。为扩展数据集和避免过度拟合，还需使得每个字符在 36 × 36 的区域内抖动，从而具有 9 倍多的数据点。

这非常有助于在完成后续模型之后返回到该处。无论最后的模型多么先进，保持原始数据是非常重要的。

1.3.2 逻辑回归分析

如果对线性回归比较熟悉，那么就已理解一半的逻辑回归了。基本上，首先为图像中每个像素分配一个权重，然后取这些像素的加权和（β 表示权重，X 为像素）。由此可得该图像为某一特定字体的得分。由于像素值不同，每个字体都有各自的权重集。将上述得分转换为概率（用 Y 表示），则可采用称为 softmax 的函数来使得加权和处于 0~1，具体说明如下。不管某一特定图像的概率是否最大，都将其分类到关联类。

关于更多的逻辑回归理论，可参阅大多数统计模型参考书。以下是逻辑回归公式：

$$\Pr(Y_i = c) = \frac{\beta_c X_i}{\sum_h \beta_h X_i}$$

一本着重于实际应用的不错参考书，是 2012 年由 Pearson 出版，William H.Greene 所著的《Econometric Analysis》（计量经济学分析）。

1.3.3 数据准备

逻辑回归可以很容易地在 TensorFlow 中实现，并作为更加复杂机器学习算法的基础。首先，需要将整数标签转换为 one-hot（一位有效）格式。这意味着不是用字体类 2 来标记图像，而是将标签转换为 [0,0,1,0,0]。也就是说，对于位置 2 标记为 1（注：在计算机科学中，通常从 0 计数），而对于每个其他类都标记为 0。to_onehot 函数代码如下：

```
def to_onehot(labels,nclasses = 5):
    '''
    Convert labels to "one-hot" format.
```

```
    >>> a = [0,1,2,3]
    >>> to_onehot(a,5)
    array([[ 1.,  0.,  0.,  0.,  0.],
           [ 0.,  1.,  0.,  0.,  0.],
           [ 0.,  0.,  1.,  0.,  0.],
           [ 0.,  0.,  0.,  1.,  0.]])
    '''
    outlabels = np.zeros((len(labels),nclasses))
    for i,l in enumerate(labels):
        outlabels[i,l] = 1
    return outlabels
```

根据上述操作，可继续并调用函数：

```
onehot = to_onehot(labels)
```

对于像素，在这种情况下无需一个矩阵，因此可将 36×36 的数值变为长度为 1296 的一维向量，这将会稍后执行。另外，切记调整像素值为 0~255，使之位于 0~1。

最后的一项准备工作是将数据集拆分为训练集和测试集，这将有助于获取后续过度拟合的情况。训练集是用于确定逻辑回归模型中的权重，而测试集是用于确认这些权重在新的数据上是否合理：

```
# Split data into training and validation
indices = np.random.permutation(train.shape[0])
valid_cnt = int(train.shape[0] * 0.1)
test_idx, training_idx = indices[:valid_cnt],\
                         indices[valid_cnt:]
test, train = train[test_idx,:],\
              train[training_idx,:]
onehot_test, onehot_train = onehot[test_idx,:],\
                        onehot[training_idx,:]
```

1.3.4 构建 TensorFlow 模型

首先，通过创建交互式会话来开始 TensorFlow 代码：

```
sess = tf.InteractiveSession()
```

这样，就开始 TensorFlow 中的第一个模型。

在此，将用 x 表示占位符变量，代表输入图像。这只是告诉 TensorFlow 随后将通过 feed_dict 为该节点赋值：

```
# These will be inputs
## Input pixels, flattened
x = tf.placeholder("float", [None, 1296])
```

另外，还需注意，可以指定张量的形状，在此用 None 作为一种尺寸大小。None 可允许在批处理过程中为算法立刻发送数据点的任一数值。用 y_ 保存后续训练所需的已知标签：

```
## Known labels
y_ = tf.placeholder("float", [None,5])
```

为执行逻辑回归，还需权重集（W）。实际上，5 种字体类中每一类需要 1296 个权重，这样可以提供字体形状。值得注意的是，每一类还需要包括一个额外权重作为基准（b）。这相当于增加一个总是取值为 1 的额外输入变量：

```
# Variables
W = tf.Variable(tf.zeros([1296,5]))
b = tf.Variable(tf.zeros([5]))
```

由于所有 TensorFlow 变量都是浮点数，因此需要确保其初始化。调用方式如下：

```
# Just initialize
sess.run(tf.global_variables_initializer())
```

到此为止，已经准备好了一切。现在可以通过实现 softmax 公式来计算概率。由于已非常谨慎地设置了权重和输入，利用 TensorFlow 可使得该任务非常简单，只需调用 tf.matmul 和 tf.nn.softmax：

```
# Define model
y = tf.nn.softmax(tf.matmul(x,W) + b)
```

就是这么简单！现在已经在 TensorFlow 中创建了一个完整的机器学习分类器。干的漂亮。但如何获得权重值呢？接下来，需要利用 TensorFlow 来训练模型。

1.4 逻辑回归模型训练

首先，将学习用于机器学习分类器的损失函数，并在 TensorFlow 中进行实现。然后，通过评价合适的 TensorFlow 节点，可快速训练模型。最后，将验证该模型是否足够准确，以及权重是否有意义。

1.4.1 编写损失函数

优化模型实际上是意味着如何使得错误程度最小化。由于标签为 one-hot 格式，这样就很容易将其与模型预测的分类概率进行比较。Cross_entropy 分类函数是用于衡量损失的一种形式化方法。虽然精确统计已超出本书范围，但可将其看作对不精确预测所进行的模型惩罚。为了计算该值，将 one-hot 实际标签与预测概率的自然对数按元素相乘，然后对上述值求和并取反，为方便起见，TensorFlow 已包含该函数，即 tf.nn.softmax_cross_entropy_with_logits()，在此只需调用：

```
# Climb on cross-entropy
cross_entropy = tf.reduce_mean(
        tf.nn.softmax_cross_entropy_with_logits(
        logits = y + 1e-50, labels = y_))
```

在此加上一个 1e-50 的微小误差值，以避免数值不稳定问题。

1.4.2 训练模型

TensorFlow 非常方便，这是在于其提供了内置优化器来有效利用上述所编写的损失函数。梯度下降法是一种常用方法，会缓慢地将权重逼近最佳结果。以下是更新权重的节点：

```
# How we train
train_step = tf.train.GradientDescentOptimizer
                (0.02).minimize(cross_entropy)
```

在实际训练之前，应定义几个节点来评估模型性能：

```
# Define accuracy
correct_prediction = tf.equal(tf.argmax(y,1),
                        tf.argmax(y_,1))
accuracy = tf.reduce_mean(tf.cast(
            correct_prediction, "float"))
```

若模型将最大概率赋值给正确的类，则 correct_prediction 节点为 1；否则为 0。变量 accuracy 是在所有现有数据基础上对预测进行平均，从而可全面了解模型性能程度。

在机器学习中训练时，经常是希望多次使用相同的数据点来提取所有信息。每经历整个训练数据一次称为一个**周期（epochs）**。在此，每 10 个周期用来提高训练和验证的准确性：

```
# Actually train
epochs = 1000
train_acc = np.zeros(epochs//10)
test_acc = np.zeros(epochs//10)
for i in tqdm(range(epochs)):
    # Record summary data, and the accuracy
    if i % 10 == 0:
        # Check accuracy on train set
        A = accuracy.eval(feed_dict={
            x: train.reshape([-1,1296]),
            y_: onehot_train})
        train_acc[i//10] = A
        # And now the validation set
        A = accuracy.eval(feed_dict={
            x: test.reshape([-1,1296]),
            y_: onehot_test})
        test_acc[i//10] = A
```

```
    train_step.run(feed_dict={
        x: train.reshape([-1,1296]),
        y_: onehot_train})
```

在此利用 feed_dict 来通过不同类型的数据以得到不同的输出值。最后，train_step.run 每次迭代更新模型。对于一台普通计算机，这可能仅需要几分钟时间，如果使用 GPU，所需时间则会大大减少，而对于性能较差的机器，时间则会稍长。

至此，只是利用 TensorFlow 训练了一个模型。

1.4.3 评估模型精度

经过 1000 个周期之后，再来观察一下模型。如果已安装 Matplotlib，则可在图形中观察模型精度。如果未安装，仍然可以以数值形式观察。对于最终结果，使用以下代码：

```
# Notice that accuracy flattens out
print(train_acc[-1])
print(test_acc[-1])
```

如果已安装 Matplotlib，可采用下列代码来绘制图形：

```
# Plot the accuracy curves
plt.figure(figsize=(6,6))
plt.plot(train_acc,'bo')
plt.plot(test_acc,'rx')
```

这时，可看到类似于下面的图形（注意，由于采用了随机初始化，因此图形可能会稍有不同）：

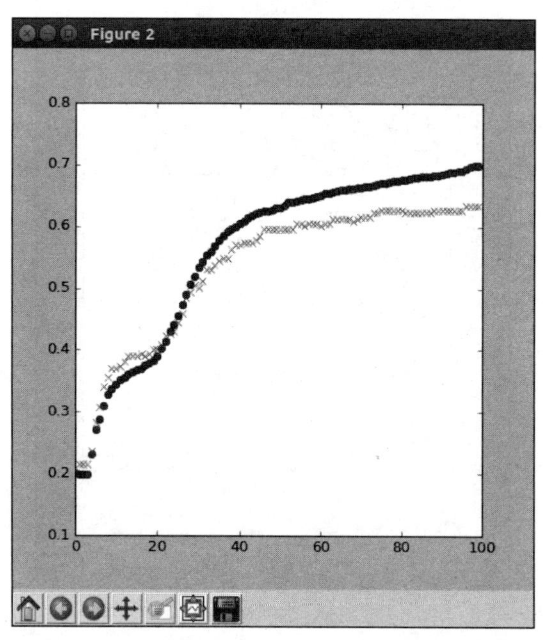

由图可知，经过 400~500 迭代之后，验证精度似乎变平。除此之外，模型可能过度拟合或学习程度不高。另外，尽管 40% 左右的最终精度可能看起来较差，但要想到，对于 5 种分类，完全随机猜测的精度只有 20%。在这一有限的数据集下，这就是简单模型所能达到的最好结果。

观察计算权重也是很有用的，这可为什么样的模型是重要的提供了线索。对于某一给定分类，根据像素位置进行绘制：

```
# Look at a subplot of the weights for each font
f, plts = plt.subplots(5, sharex=True)
for i in range(5):
    plts[i].pcolor(W.eval()[:,i].reshape([36,36]))
```

这将得到一个类似如下的结果（再次强调，如果图形较宽，可通过调整窗口大小来调整）：

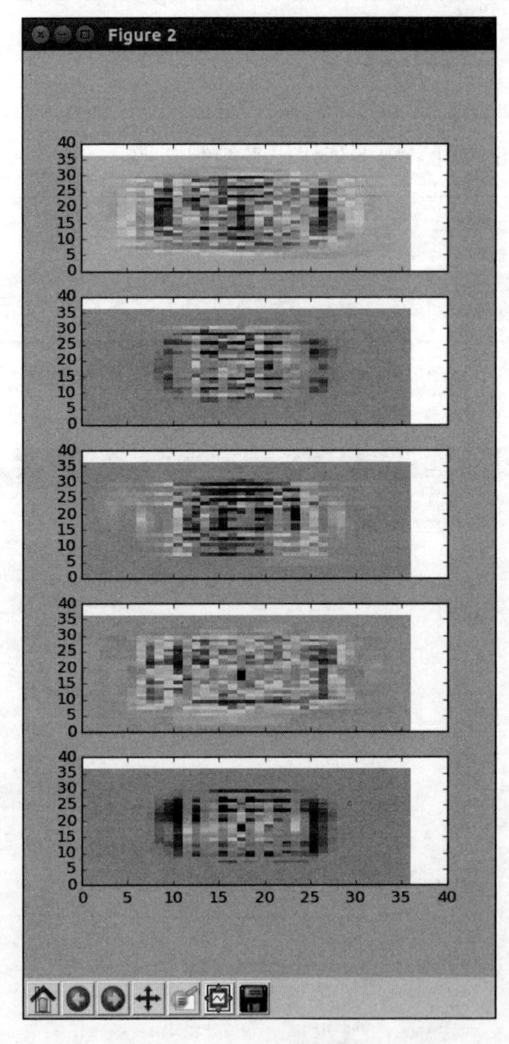

由上图（见彩图 1）可知，在一些模型中，接近内部的权重较为重要，而外部权重基本为零。这是非常有道理的，因为没有一个字符可达到图像角落。

再次强调的是，由于随机初始化作用，最终结果可能看起来有所不同。随时尝试和改变模型参数，这是学习新事物的正确方法。

1.5 小结

在本章，在机器上安装了 TensorFlow。经过一些基本计算步骤之后，考虑了一个机器学习问题，并利用逻辑回归和一些 TensorFlow 代码成功构建了合适的模型。

在下一章，将通过深度神经网络来学习 TensorFlow 的基本原理。

第 2 章 深度神经网络

在第 1 章，介绍了简单 TensorFlow 操作以及如何利用逻辑回归分析解决字体分类问题。在本章，将深入研究目前最常用且最成功的机器学习方法——神经网络。利用 TensorFlow，构建简单和深度神经网络来改善字体分类模型。在此，将神经网络的基本原理应用于实际。同时，还利用 TensorFlow 来构建并训练第一个神经网络。然后，介绍包含单隐层神经元的神经网络并对其进行充分理解。完成上述工作后，将能更好地理解以下主题：

- 基本神经网络；
- 单隐层模型解释；
- 单隐层解释；
- 多隐层模型；
- 多隐层模型结果。

在第 1 节中，首先回顾神经网络的基本知识。在此，将学习输入数据转换的常用方法、了解神经网络如何实现上述转换以及最后在 TensorFlow 中如何实现单个神经元。

2.1 基本神经网络

第 1 章构建的逻辑回归模型已经足够好，但本质上还是具有线性特性。将像素强度增大一倍，则相应的得分也会增大一倍，但可能只关心像素是否大于某一阈值，或对于变化为较小值的像素增大其权重。线性可能无法描述所考虑问题的所有细微差别。因此，处理该问题的一种方法是将输入转换为非线性函数。接下来，考虑一个 TensorFlow 下的简单示例。

首先，一定要加载所需模块（tensorflow、numpy 和 math），并启动一个交互式会话：

```
import tensorflow as tf
import numpy as np
import math

sess = tf.InteractiveSession()
```

在下面的示例中，创建 3 个 5 长（five-long）向量的正态随机数，并以不同中心进行截断，避免过于极端。

```
x1 = tf.Variable(tf.truncated_normal([5],
                 mean=3, stddev=1./math.sqrt(5)))
x2 = tf.Variable(tf.truncated_normal([5],
                 mean=-1, stddev=1./math.sqrt(5)))
x3 = tf.Variable(tf.truncated_normal([5],
                 mean=0, stddev=1./math.sqrt(5)))

sess.run(tf.global_variables_initializer())
```

由于是随机数，这些值可能有所不同，但这完全没问题。

一种常用转换方式是对输入进行二次方。这样会使得较大的值更为极端，当然，也使之均为正值：

```
sqx2 = x2 * x2
print(x2.eval())
print(sqx2.eval())
```

结果如下面的截图所示：

```
   11   print(x2.eval())
[-1.59633303 -1.39370716 -1.11756158 -0.93147004 -1.30868506]

   12   print(sqx2.eval())
[ 2.54827905  1.94241965  1.24894392  0.86763644  1.71265662]

   13
```

2.1.1 log 函数

相反，如果较小值中需要具有更多的细微差别，则可以对输入数据进行自然对数或任何基本对数操作：

```
logx1 = tf.log(x1)
print(x1.eval())
print(logx1.eval())
```

根据下面的截图，可观察到较大的值会逐步集聚在一起，而较小的值则相对分散：

```
   14   print(x1.eval())
[ 3.2928977   3.11865115  2.75602937  2.55065155  2.60228252]

   15   print(logx1.eval())
[ 1.19176793  1.13740063  1.01379097  0.9363488   0.95638895]

   16
```

然而，对数操作不能处理负的输入，且越接近于零，小的输入值越成为负值。因此，要谨慎采用对数操作。最后，采用 sigmoid 变换。

2.1.2 sigmoid 函数

不必担心不理解公式，只需知道正、负极值分别近似为 +1 或 0，且输入接近零时越接近 1/2：

```
sigx3 = tf.sigmoid(x3)
print(x3.eval())
print(sigx3.eval())
```

在此，给出一个接近 1/2 的示例。该示例是从 1/4 开始，逐步接近于 1/2。

```
In [17]: print(x3.eval())
[-0.24215472 -0.26575294 -0.30768225  0.0072251  -0.1542311 ]

In [18]: print(sigx3.eval())
[ 0.43975541  0.43395001  0.4236806   0.50180626  0.4615185 ]

In [19]:
```

在机器学习中，通常将上述变换称为**激活函数**。另外，通常也将输入加权和与之相结合。由于是受到生物神经元的启发，因此在考虑输入、权重和激活函数时，将其称为**神经元**。

真实神经元在物理大脑中的详细工作原理已超出本书范畴。若读者感兴趣，大多数神经生物学的著作中都可能包含具体内容，或可以参阅 Gordon M.Shepherd 的《Foundation of Neuron Doctrine》（神经元学说基础）一书作为参考。接下来，看一个 TensorFlow 下的简单示例：

```
w1 = tf.constant(0.1)
w2 = tf.constant(0.2)
sess.run(tf.global_variables_initializer())
```

首先，创建常量 w1 和 w2。将 x1 乘以 w1 和 x2 乘以 w2，然后将所得的中间值相加，最后利用 tf.sigmoid 将结果输入 sigmoid 激活函数。最终结果如下面的截图所示：

```
In [24]: print((w1*x1).eval())
[ 0.25280735  0.23198548  0.32570502  0.32763374  0.29772624]

In [25]: print((w2*x2).eval())
[-0.16239884 -0.26094452 -0.24706605 -0.228054   -0.14377597]

In [26]: print(n1.eval())
[ 0.52258676  0.49276075  0.51964962  0.52487439  0.53841174]

In [27]:
```

再次强调，不必担心具体公式，可以选择各种不同的激活函数。需要注意的是，这是构建神经网络的第一步。

那么，如何从单个神经元组成整个神经网络？非常简单！一个神经元的输入[㊀]正好是下一层网络中另一个神经元的输入。

㊀ 此处原书有误，应为“输出”。——译者注

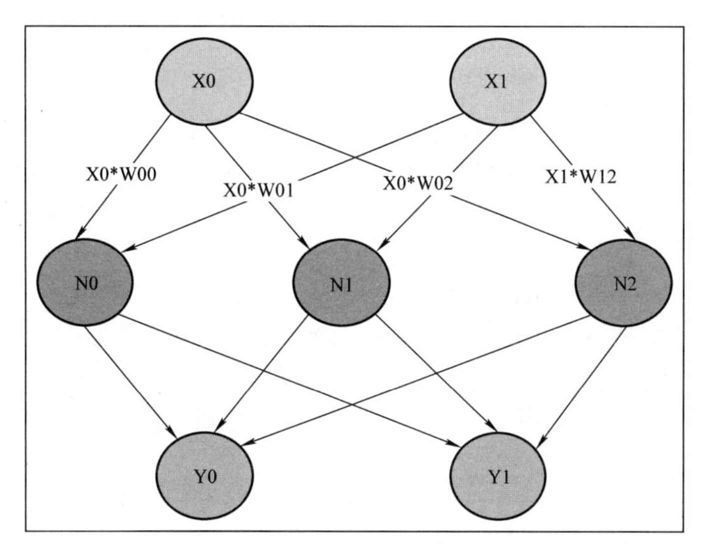

由上图可知，这是一个具有两个输入 X0 和 X1，两个输出 Y0 和 Y1 以及中间层 3 个神经元的简单神经网络。X0 的值发送到 *N* 层的每个神经元，但由于权重不同，因此应将 X0 乘以相应的权重。同理，X1 的值也发送到 *N* 层的每个神经元，并具有相应的权重集合。对于每个神经元，计算输入加权和，并将其通过激活函数，产生中间输出值。最后，同样执行上述操作，只是将中间层神经元的输出看作 Y 层神经元的输入。注意，通过输入加权和的非线性激活，可有效地计算出最终模型的一组新的特征。

现在已学习了 TensorFlow 中非线性变换的基本知识，以及什么是神经网络。虽然神经网络不会具有读心术，但对于深度学习是至关重要的。在下一节中，将利用简单的神经网络来改进分类算法。

2.2 单隐层模型

在本节，要具体应用神经网络的基本知识。首先，将 TensorFlow 中的逻辑回归代码适用于单隐层神经元。然后，学习反向传播计算权值的思想，也就是训练神经网络。最后，在 TensorFlow 中训练第一个真正的神经网络。

本节中的 TensorFlow 代码应该比较熟悉。这只是逻辑回归代码的一个稍微改进的版本。接下来，分析如何添加一个用于计算输入像素非线性组合的单隐层神经元。

首先启动一个新的 Python 会话，执行读入代码，并在逻辑模型中设置数据。代码完全相同，只是复制到一个新文件：

```
import tensorflow as tf
import numpy as np
import math
from tqdm import tqdm
%autoindent
```

```
try:
    from tqdm import tqdm
except ImportError:
    def tqdm(x, *args, **kwargs):
        return x
```

可以随时返回到前面，回顾这些代码的作用。num_hidden 变量的作用是加快运行速度。

2.2.1 单隐层模型探讨

现在，来逐步探讨分析单隐层模型：

1）首先，确定需要多少神经元，num_hidden=128。这本质上是确定了传递到最后的逻辑级数中有多少非线性组合。

2）为适应上述需求，还需要更新 W1 和 b1 权重张量的形状。在馈入隐层神经元时，需要形状匹配：

```
W1 = tf.Variable(tf.truncated_normal([1296, num_hidden],
                                     stddev=1./math.sqrt(1296)))
b1 = tf.Variable(tf.constant(0.1,shape=[num_hidden]))
```

3）计算加权和的激活函数的方法是采用一条 h1 命令行，这是将输入像素乘以每个神经元的各自权重：

```
h1 = tf.sigmoid(tf.matmul(x,W1) + b1)
```

与神经元的阈值相加，最后通过 sigmoid 激活函数。在此，具有 128 个中间值：

```
In [23]: num_hidden = 128

In [24]: W1 = tf.Variable(tf.truncated_normal([1296, num_hidden],
   ....:                                      stddev=1./math.sqrt(1296)))

In [25]: b1 = tf.Variable(tf.constant(0.1,shape=[num_hidden]))

In [26]: h1 = tf.sigmoid(tf.matmul(x,W1) + b1)

In [27]:
```

4）这时已得到逻辑回归模型，接下来就知道该如何做了。这些计算得到的 128 个特征需要各自的权重和阈值集合来计算输出分类的得分，即分别是 W2 和 b2。值得注意的是，该形状如何与 128 个神经元的形状匹配，且输出分类的个数为 5：

```
W2 = tf.Variable(tf.truncated_normal([num_hidden, 5],
                                     stddev=1./math.sqrt(5)))
b2 = tf.Variable(tf.constant(0.1,shape=[5]))
sess.run(tf.global_variables_initializer())
```

在所有权重中，通过采用截断正态调用来进行初始化。利用神经网络，想要得到一个较好的初始值，以使得权重可以更加有意义而并非清零。

5）截断正态值是服从某一给定标准差的正态分布形式的随机值。与输入个数成标准比例，去除较大极值，这就是截断部分。根据已定义的权重和神经元，设置与之前相同的最终 softmax 模型，只是需要考虑将 128 个神经元作为输入，h1，以及相关的权重和阈值，W2 和 b2：

```
y = tf.nn.softmax(tf.matmul(h1,W2) + b2)
```

2.2.2 反向传播算法

训练神经网络和许多其他机器学习模型的权重的关键在于所谓的**反向传播算法**。

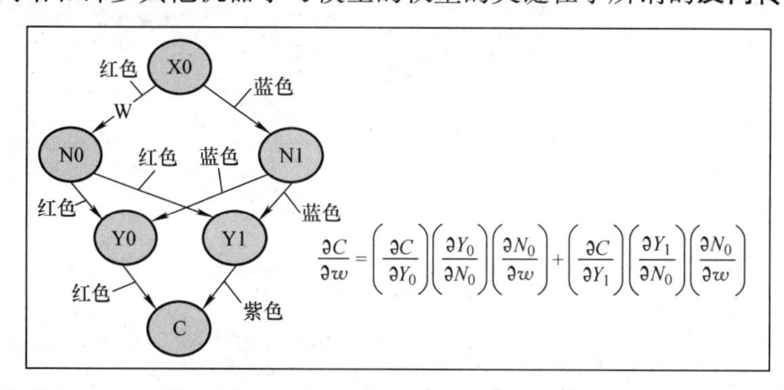

尽管完整的推导过程已超出本书范畴，但仍然可以直观地了解。在训练一个诸如逻辑回归（in air）的模型，且训练集直接来自于较差权重选择时，可以看到哪些权重应该被调整，以及如何根据其大小相应地变化。

从形式上，TensorFlow 是通过计算相对于权重的导数并调节权重的一小部分来实现的。反向传播实际上是上述过程的一种扩展。

从最底层的输出函数或成本函数层开始计算导数，并根据这些导数来计算与上一层神经元相关的导数。可以通过从成本到权重的路径上导数之积的相加来计算相对于待调节权重的相应偏导数。上图中的公式已表明红色箭头所显示的过程。这看起来比较复杂，但不必担心。

TensorFlow 会通过优化器来进行处理。由于已特意指定利用 TensorFlow 来几乎完全一样地训练模型，因此在此使用相同的代码：

```
epochs = 5000
train_acc = np.zeros(epochs//10)
test_acc = np.zeros(epochs//10)
for i in tqdm(range(epochs), ascii=True):
    if i % 10 == 0: # Record summary data, and the accuracy
        # Check accuracy on train set
        A = accuracy.eval(feed_dict={x: train.
reshape([-1,1296]), y_: onehot_train})
        train_acc[i//10] = A
```

```
        # And now the validation set
        A = accuracy.eval(feed_dict={x: test.
reshape([-1,1296]), y_: onehot_test})
        test_acc[i//10] = A
    train_step.run(feed_dict={x: train.reshape([-1,1296]),
y_: onehot_train})
```

需要注意的是，由于模型中具有隐含神经元，因此需要更多的权重来拟合模型。这意味着模型运行时间较长，且需要更多的迭代次数来进行训练。设本次运行 5000 个周期：

```
In [42]: epochs = 5000

In [43]: train_acc = np.zeros(epochs//10)

In [44]: test_acc = np.zeros(epochs//10)

In [45]: for i in tqdm(range(epochs), ascii = True):
   ....:     # Record summary data, and the accuracy
   ....:     if i % 10 == 0:
   ....:         # Check accuracy on train set
   ....:         A = accuracy.eval(feed_dict={
   ....:             x: train.reshape([-1,1296]),
   ....:             y_: onehot_train})
   ....:         train_acc[i//10] = A
   ....:         # And now the validation set
   ....:         A = accuracy.eval(feed_dict={
   ....:             x: test.reshape([-1,1296]),
   ....:             y_: onehot_test})
   ....:         test_acc[i//10] = A
   ....:     train_step.run(feed_dict={
   ....:         x: train.reshape([-1,1296]),
   ....:         y_: onehot_train})
   ....:
```

该模型可能运行时间比之前的更长，或许可以达到 4 倍。因此，预期几分钟到 10min，这取决于计算机的性能。这就是模型训练过程，之后将检验模型精度。

2.3 单隐层模型解释

在本节，将仔细分析模型建模过程。首先，检验模型的总体精度。然后，分析模型哪里有问题。最后，通过可视化与神经元相关联的权重来观察其目的：

```
plt.figure(figsize=(6, 6))
plt.plot(train_acc,'bo')
plt.plot(test_acc,'rx')
```

首先要确保已按照上节所述训练好模型，如果没有，请先完成训练。由于每 10 个周期评估一次模型精度并保存结果，因此可以很容易地分析模型是如何演化的。

利用 Matplotlib，可以在同一幅图（见彩图 2）中绘制训练精度（蓝色点）和测试精度（红色点）：

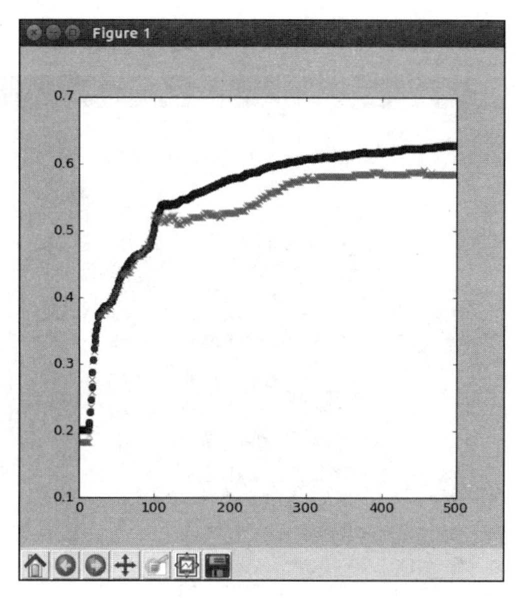

再次强调，如果没有安装 Matplotlib，没关系。可以查看数组值。注意，训练精度（蓝色）通常会比测试精度（红色）好一些。这并不奇怪，因为测试图像对于模型而言是全新的，且可能包含之前未观察到的特征。另外，观察到模型精度是在多个周期段内逐步提高，先是快速上升，然后缓慢提高。在此，该模型达到 60% 左右的精度，尽管不够完美，但这只是对简单逻辑回归的改进。

若要了解该模型在何处出问题，创建一个混淆矩阵是非常有用的。即要找到一个实际的图形分类，到底模型会将其分类成什么形式？从形式上，是一个 5×5 矩阵。对于每帧测试图像，将像素值及其位置 i 和 j 加 1，如果图像实际上是 i 类，而模型预测是 j 类。注意，当模型得到正确结果时，则 i=j。

一个好的模型会在对角线上具有较大值，而其余位置则不多。这种分析形式可以很容易地判断出两个类是否混淆，或模型很少选择的某些类。

在下面的示例中，通过评估 y 的分类概率来创建预测分类：

```
pred = np.argmax(y.eval(feed_dict={x:
     test.reshape([-1,1296]), y_: onehot_test}), axis = 1)
conf = np.zeros([5,5])
for p,t in zip(pred,np.argmax(onehot_test,axis=1)):
    conf[t,p] += 1

plt.matshow(conf)
plt.colorbar()
```

np.argmax 函数用于提取概率最大的位置。同样，为确定实际分类，利用 np.argmax 函数来撤销 one-hot 编码。从一个全零数组开始创建混淆矩阵，并单步执行测试数据。通过 Matplotlib 可得到彩色图像（见彩图 3）。

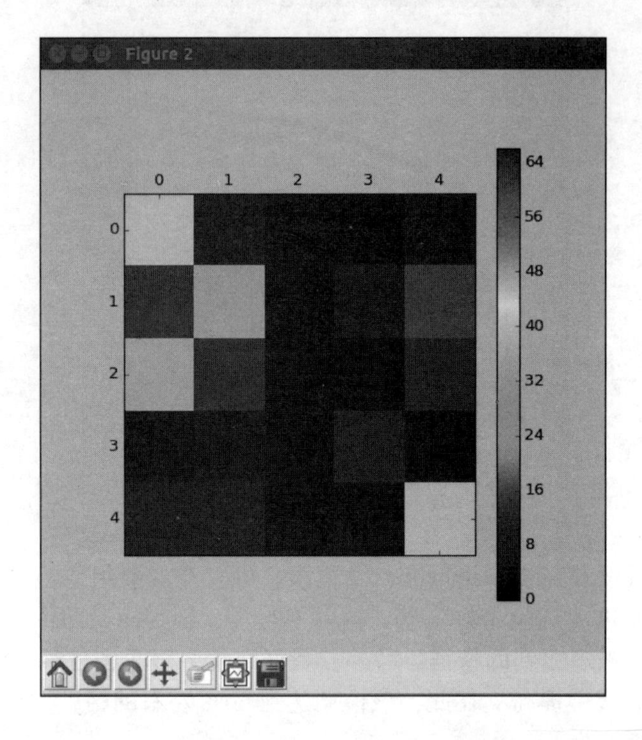

通过上面的输出结果可知，模型性能良好，只是很少预测分类 2。由于初始化随机性，最终结果或许稍有不同。

2.3.1 理解模型权重

正如查看逻辑回归模型的权重一样，同样也可以查看该模型的权重：

```
plt.figure(figsize=(6, 6))
f, plts = plt.subplots(4,8, sharex=True)
for i in range(32):
    plts[i//8, i%8].pcolormesh(W1.eval()[:,i].
reshape([36,36]))
```

然而，现在具有 128 个神经元，每个神经元都具有来自于输入像素值的 36 × 36 权重。首先观察一下这些权重，以了解从中可以得到什么。再次强调，如果没有 Matplotlib，可通过输出显示这些数组来发现同样的特性。在此，着重观察 128 个神经元中的 32 个。将子图分为 4 行 8 列。现在，通过评估每个神经元的权重并将其重塑为图像大小来对神经元进行单步调试。双斜杠（//）是通过整数除法将图像转换成相应的行，而百分号（%）是利用余数（真模运算）来得到列。

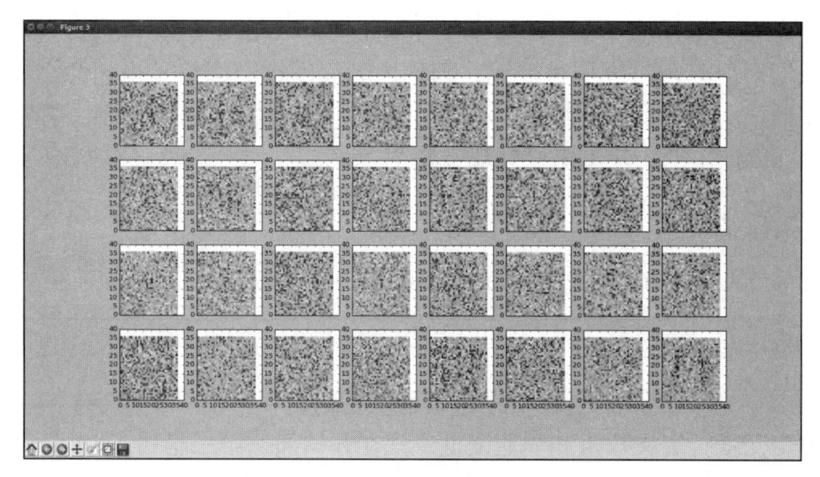

由上图（见彩图 4）的可视化显示，可看到某些突出形状。与其权重模板相比，某些神经元或多或少地呈现出圆形。虽然其他看起来很随机，但可能会提取出不易直观得到的特征。也可以尝试可视化显示输出层的权重，但并不直观。这是由于神经网络的特点。现在，逻辑回归的输出是 128 个输出值，以及用于计算 5 个得分的权重。由于每个像素都已进入隐含层的各个神经元，因此不再是图像结构。至此，已了解如何评价和解释神经网络的结果了。非常棒！

2.4 多隐层模型

本节将介绍如何构建具有额外隐层的更复杂模型。首先，将单隐层模型应用于称为**深度神经网络**的多隐层模型。然后，将讨论选择使用多少神经元和层。最后，训练模型本身，这应耐心等待，因为可能需要一段时间来进行计算。

```
In [2]:
```

```
import tensorflow as tf
import numpy as np
import math
%autoindent
try:
    from tqdm import tqdm
except ImportError:
    def tqdm(x, *args, **kwargs):
        return x



# Load data
data = np.load('data_with_labels.npz')
train = data['arr_0']/255.
labels = data['arr_1']

# Look at some data
print(train[0])
print(labels[0])

# If you have matplotlib installed
import matplotlib.pyplot as plt
plt.ion()

def to_onehot(labels,nclasses = 5):
    '''
    Convert labels to "one-hot" format.

    >>> a = [0,1,2,3]
    >>> to_onehot(a,5)
    array([[ 1.,  0.,  0.,  0.,  0.],
           [ 0.,  1.,  0.,  0.,  0.],
           [ 0.,  0.,  1.,  0.,  0.],
           [ 0.,  0.,  0.,  1.,  0.]])
    '''
```

还记得在逻辑回归模型中添加一个神经元隐层吗？好的，现在再进行一次，在单隐层模型再添加一层。一旦超过一层神经元，则称之为深度神经网络。当然，之前学到的一切都可以应用于此。正如本章前面所述，首先应启动一个新的 Python 会话，并执行到本节代码文件的 num_hidden1 处。接下来，好戏开始了。

2.4.1 多隐层模型探讨

首先将之前的 num_hidden 更改为 num_hidden1，来指定第一隐层的神经元个数：

```
# Hidden layer 1
num_hidden1 = 128
```

一定要改变变量，定义权重和阈值变量。现在开始插入第二隐层：

```
W1 = tf.Variable(tf.truncated_normal([1296,num_hidden1],
                               stddev=1./math.sqrt(1296)))
b1 = tf.Variable(tf.constant(0.1,shape=[num_hidden1]))
h1 = tf.sigmoid(tf.matmul(x,W1) + b1)
```

这次使用 32 个神经元的模型。注意，权重的形状必须根据 32 个输入的前一层或当前层的神经元来计算 128 个中间输出值的每一个，但初始化权重和阈值的方法相同：

```
# Hidden Layer 2
num_hidden2 = 32
W2 = tf.Variable(tf.truncated_normal([num_hidden1,
            num_hidden2],stddev=2./math.sqrt(num_hidden1)))
b2 = tf.Variable(tf.constant(0.2,shape=[num_hidden2]))
h2 = tf.sigmoid(tf.matmul(h1,W2) + b2)
```

正如上述代码所示，采用之前所用的 sigmoid 函数、矩阵乘法、加法和函数调用来创建输出 h2。

对于逻辑回归输出层，只需更新变量名：

```
# Output Layer
W3 = tf.Variable(tf.truncated_normal([num_hidden2, 5],
                                   stddev=1./math.sqrt(5)))
b3 = tf.Variable(tf.constant(0.1,shape=[5]))
```

这时具有 3 组权重，当然，权重形状必须与之前隐层的输出相匹配，因此是 32 × 5：

```
In [30]: W3 = tf.Variable(tf.truncated_normal([num_hidden2, 5],
    ...:                                   stddev=1./math.sqrt(5)))

In [31]: b3 = tf.Variable(tf.constant(0.1,shape=[5]))

In [32]: sess.run(tf.global_variables_initializer())

In [33]: y = tf.nn.softmax(tf.matmul(h2,W3) + b3)

In [34]:
```

别忘记利用变量 h2、W3 和 b3 来更新模型函数 y。无需更新所有代码，而只需继续使用之前的模型。

现在，或许非常想知道是如何确定第一层是 128 个神经元和第二层是 32 个神经元的。事实上确定神经网络的大小和形状可能是一个具有挑战性的问题。虽然可能计算量较大，但不断试验和犯错是开发模型的一种方法。通常情况下，可以从一个旧模型开始。在此，从具有 128 个神经元的单隐层开始，并试着在下面添加一个新层。若想要通过计算一些特征来区分 5 个类，则在选择神经元个数时必须牢记这一点。

一般来说，最好从小处开始直到构建一个可解释数据的最小模型。如果一个顶层具有 128 个神经元且下一层有 8 个神经元的模型性能较差，这表明最后一层需具有更多功能，即应添加更多的神经元。

在此，试着将最后一层的神经元个数增加一倍，当然也可以返回到前面的层并调整神经元个数。同样，还可以改变优化器的学习速率，即改变在每一步运算中权重的调节大小，甚至可以更改优化函数。

设置上述值称为**超参数优化**，这是机器学习的一个研究热点。

在此实际上是从最简单的模型 - 逻辑回归模型开始，并逐步添加新的函数和结构。如果简单模型运行良好，则无需再花费时间来增加更高级的函数。

现在已确定模型，接下来开始进行训练：

```
# Climb on cross-entropy
cross_entropy = tf.reduce_mean(
     tf.nn.softmax_cross_entropy_with_logits(logits= y +
1e-50, labels= y_))

# How we train
train_step = tf.train.GradientDescentOptimizer(0.01).
minimize(cross_entropy)

# Define accuracy
correct_prediction = tf.equal(tf.argmax(y,1),tf.
argmax(y_,1))
accuracy=tf.reduce_mean(tf.cast(correct_prediction,
"float"))
```

再次强调，需要重新定义 TensorFlow 图中的训练节点，只是这里正好与之前的完全相同。注意，由于第一隐层与另一层的神经元相关联，因此需要计算更多的权重。以下是实际的训练代码：

```
epochs = 25000
train_acc = np.zeros(epochs//10)
```

```
test_acc = np.zeros(epochs//10)
for i in tqdm(range(epochs)):
    # Record summary data, and the accuracy
    if i % 10 == 0:
        # Check accuracy on train set
        A = accuracy.eval(feed_dict={
            x: train.reshape([-1,1296]),
            y_: onehot_train})
        train_acc[i//10] = A
        # And now the validation set
        A = accuracy.eval(feed_dict={
            x: test.reshape([-1,1296]),
            y_: onehot_test})
        test_acc[i//10] = A
    train_step.run(feed_dict={
        x: train.reshape([-1,1296]),
        y_: onehot_train})
```

之前是 128 × 5 个权重，现在是 128 × 32 个权重，即这一层的 6 倍之多，且位于像素值到第一层神经元的初始权重上。深度神经网络的一个缺点是需要一段时间来训练。在此，运行 25000 个周期来保证权重收敛：

```
In [38]: epochs = 25000

In [39]: train_acc = np.zeros(epochs//10)

In [40]: test_acc = np.zeros(epochs//10)

In [41]: for i in tqdm(range(epochs), ascii = True):
    ....:     # Record summary data, and the accuracy
    ....:     if i % 10 == 0:
    ....:         # Check accuracy on train set
    ....:         A = accuracy.eval(feed_dict={
    ....:             x: train.reshape([-1,1296]),
    ....:             y_: onehot_train})
    ....:         train_acc[i//10] = A
    ....:         # And now the validation set
    ....:         A = accuracy.eval(feed_dict={
    ....:             x: test.reshape([-1,1296]),
    ....:             y_: onehot_test})
    ....:         test_acc[i//10] = A
    ....:     train_step.run(feed_dict={
    ....:         x: train.reshape([-1,1296]),
    ....:         y_: onehot_train})
    ....:
```

这可能需要 1h 以上的运行时间，取决于计算机和 GPU 的性能。尽管这看似运算量很大，但实际上专业的机器学习研究人员训练一个模型经常需花费两周以上的时间。读者可以很快学习，但计算机需要时间。

在本节，利用 TensorFlow 构建并训练了一个真正的深度神经网络。许多专业的机器学习模型要比这个复杂得多。

2.5　多隐层模型结果

现在，研究一下深度神经网络中究竟发生了什么变化。首先，检验模型精度。然后，可视化分析像素权重。最后，分析输出权重。

在深度神经网络训练完成之后，来考察一下模型精度。采用与单隐层模型相同的方法来完成这一工作。这次唯一的区别是可以在许多周期内保存更多的用于训练和测试精度的样本。

同样，如果没有 Matplotlib，也不必担心，数组的输出部分效果也很好。

2.5.1 多隐层模型图理解

执行下列代码来查看结果：

```
# Plot the accuracy curves
plt.figure(figsize=(6,6))
plt.plot(train_acc,'bo')
plt.plot(test_acc,'rx')
```

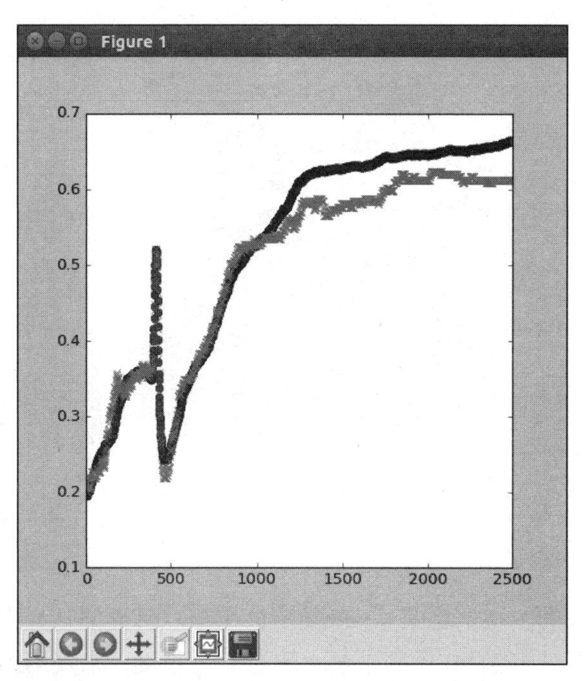

由上图可知，训练精度约为 68%，而测试精度在 63% 左右。尽管结果并不算太坏，但确定尚有很大的改进空间。

现在，着重分析一下精度是如何随着周期数增多而提高的。当然，刚开始时精度很低，且有一些初始化问题，但权重随机并不断学习，在最初几千个周期之后，精度快速提高。虽然可能会陷入局部极大值一段时间，但通常会跳出局部极值，并逐步缓慢提高。注意，在训练精度，精度依旧是较好的；只有在接近最后时刻，模型才可能达到最佳精度。由于随机初始化的原因，实际曲线可能有些不同，但没关系，这就是多隐层模型，性能也相当不错。

为了分析模型有什么问题，需要查看混淆矩阵：

```
pred = np.argmax(y.eval(feed_dict={x:
    test.reshape([-1,1296]), y_: onehot_test}), axis = 1)
conf = np.zeros([5,5])
for p,t in zip(pred,np.argmax(onehot_test,axis=1)):
    conf[t,p] += 1

plt.matshow(conf)
plt.colorbar()
```

再次强调，这与单隐层模型中的过程完全相同，只不过稍微先进一点而已：

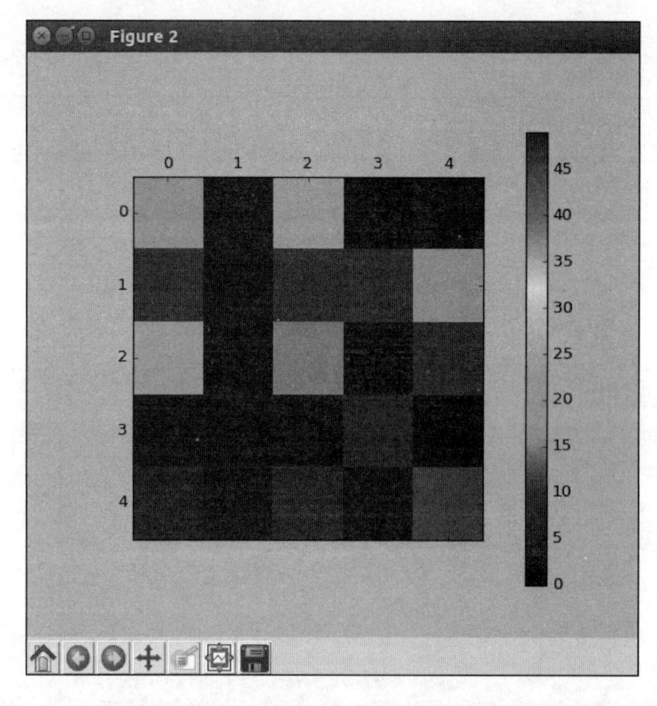

通过绘制图像，由上图（见彩图 5）可知，该模型总体性能良好，但仍有一个类识别效果不佳，这次是分类 1，当然是在不断进步。通过验证精度，来观察第一层中 128 个神经元会发生什么现象：

```
# Let's look at a subplot of some weights
f, plts = plt.subplots(4,8, sharex=True)
for i in range(32):
    plts[i//8, i%8].matshow(W1.eval()[:,i].
reshape([36,36]))
```

为简单起见，在此只观察前 32 个神经元。采用与之前模型相同的代码，可以很容易地通过 Matplotlib 绘制（见彩图 6），或直接输出显示：

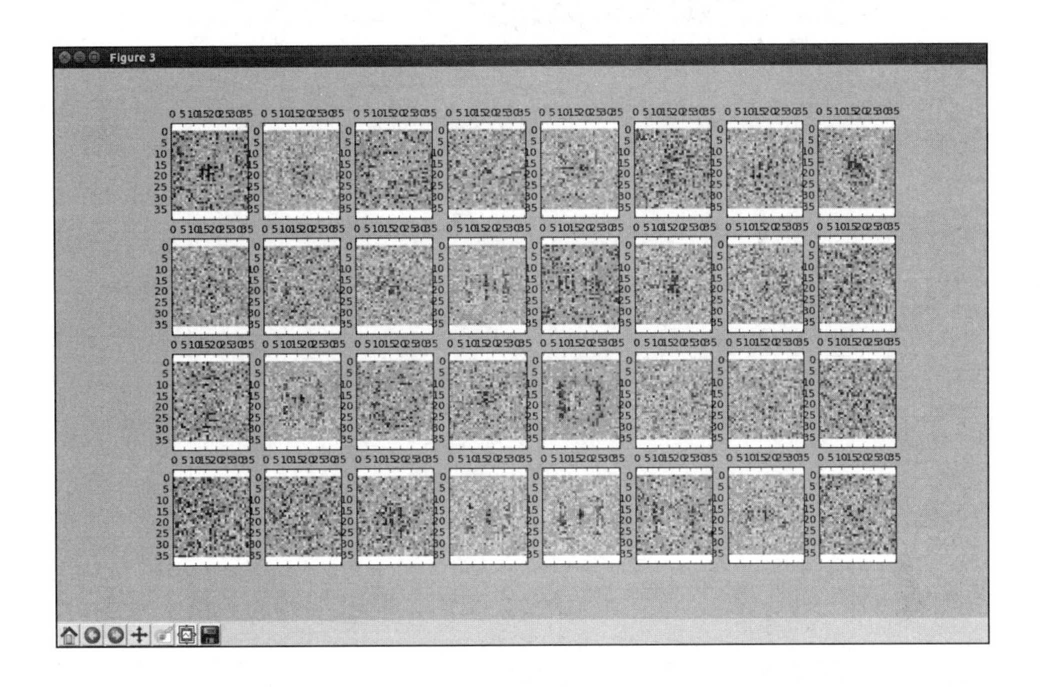

这并不奇怪，在之前的模型中也可以看到许多相同的特征。尽管在这里出现在不同位置，但确实是相同特征，这是由于随机初始化所导致的。另外，可以看到一些圆形神经元、条纹特征的神经元以及宽条纹排列的其他神经元。针对该神经网络而言，圆形和条纹形状都能很好地确定字体分类。

尽管其他隐层中的权重不再有图像结构，但仍能直观地观察输出权重。这可以体现每个最终神经元对每一分类的作用有多大。在此，可以通过 W3.eval 来绘制热图或输出单个数组：

```
# Examine the output weights
plt.matshow(W3.eval())
plt.colorbar()
```

通过谨慎设定 W3，可以使得每行表示一个神经元而每列表示一个类。

由下图（见彩图 7）可知，不同的神经元对某些类的作用较大，表明神经元计算的某些整体非线性特征与特定的字体类有关。也就是说，虽然这些神经元产生的值用于计算每种字体的分数，但对于一种字体来说非常重要且权重较大的神经元，可能与另一种字体完全不相关。例如，神经元 N1 对分类 2 具有较大权重，但对于其他所有分类则权重几乎为零。无论该神经元计算得到什么特征，都会对于分类 2 非常重要，而对于其他分类没有什么作用。

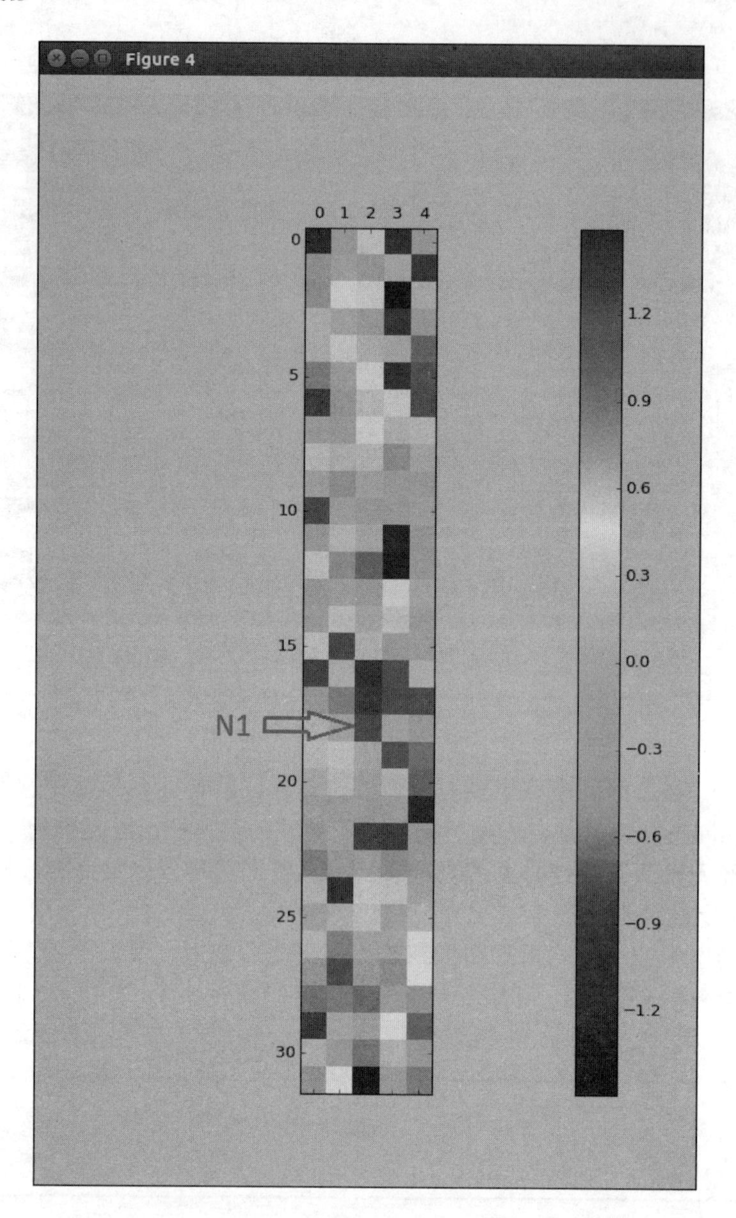

2.6 小结

在本章，介绍了利用 TensorFlow 实现深度学习。虽然是从单隐层神经元的简单模型开始，但不用花很长时间来开发和训练一个用于字体分类问题的深度神经网络。

学习了单隐层模型和多隐层模型，并详细了解了这些模型。同时还理解了不同类型的神经网络，并利用 TensorFlow 构建和训练了第一个神经网络。

在第 3 章，将利用卷积神经网络来证明该模型，这是一个用于图像分类的强大工具。

第3章
卷积神经网络

在第2章，探讨了深度神经网络，该模型需要许多参数来拟合。本章将介绍深度学习中最强大的发展，并利用已知的问题空间知识来改进模型。首先，通过一个TensorFlow示例来解释什么是神经网络中的卷积层。然后，对池化层也同样通过示例来说明。最后，将字体分类模型转换成**卷积神经网络（CNN）**，并观察其如何实现。

在本章中，将讨论卷积神经网络的发展背景。同时在TensorFlow中实现卷积层。另外，还将学习最大池化层，并将其付诸实践，以单个池化层为例来实现。

在本章结束时，将对以下概念非常熟悉：

- 卷积层激励；
- 卷积层应用；
- 池化层激励；
- 池化层应用；
- 深度卷积神经网络；
- 更深度卷积神经网络；
- 整理总结深度卷积神经网络。

现在，首先介绍什么是卷积层。

3.1 卷积层激励

本节，将通过在一个示例图像上采用卷积层来进行介绍。通过图形化形式可以看到卷积仅仅是一个滑动窗口。此外，还将学习如何从一个窗口中提取多特征，以及在窗口中接收多层输入。

在常用的神经网络密集连接层中，对于某一给定神经元，每个输入特征均可得到其相应权重。

如果输入特征完全独立且是用于测量不同方面，则这是非常理想的，但如果这些特征是结构化的，该怎么办？想象发生上述情况的一个最简单示例是输入特征是图像中的像素，且某些像素相邻，而其他像素相距甚远。

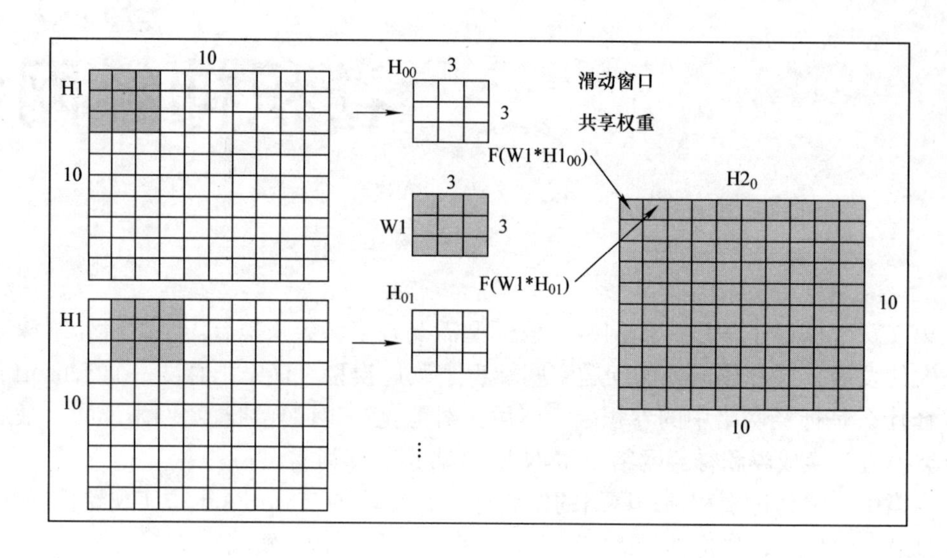

对于图像分类，尤其是字体分类的类似任务，图像中小尺度特征在何处出现通常并不重要。可以通过在整幅图像中滑动一个较小窗口来在较大图像中寻找小尺度特征，这也是不管该窗口位于图像中何处而采用相同权重矩阵的关键之处。这样就总能在任何地方找到相同特征。

假设现有一幅 10×10 的图像，且想要在其中以一个 3×3 的窗口来滑动。一般来说，机器学习工程师每次只变化一个像素来滑动该窗口。这称为 stride，因此从一个窗口到下一个窗口总会有一些重叠。然后，3×3 的小权重矩阵 W1 按像素与窗口 $H1_{00}$ 相乘，并求和，最后将其输入到称为 F 的激活函数。

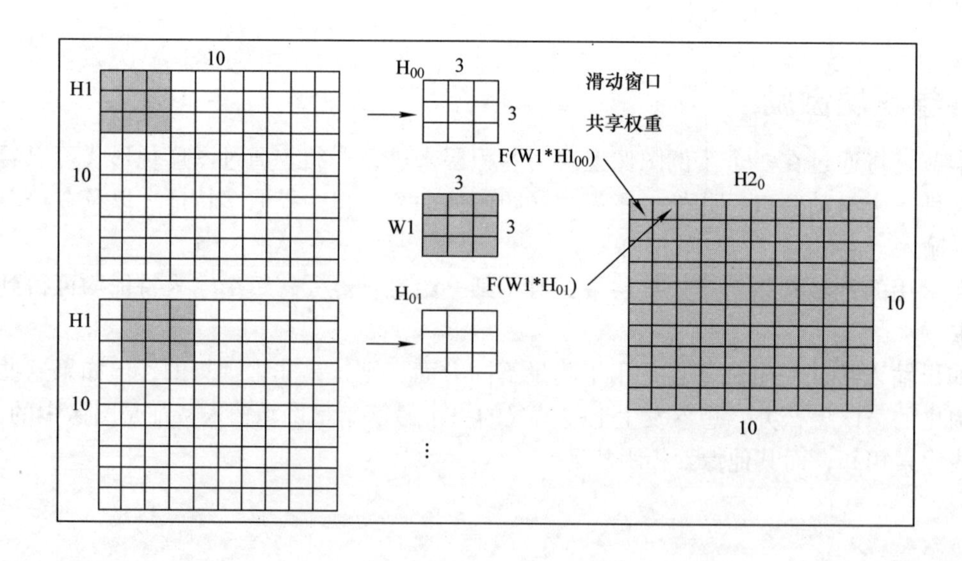

第一个窗口 W1 进入右侧标记为 H2 的新矩阵的第一个位置。该窗口以相同权重滑动 1，但结果发生在位置 2。注意，实际上是以左上角像素作为存储结果的参考点。在整个输入图像中滑动窗口来产生卷积输出。下图中的点只是提醒应在整个空间中滑动窗口，而不仅仅是图像中所显示的两个位置：

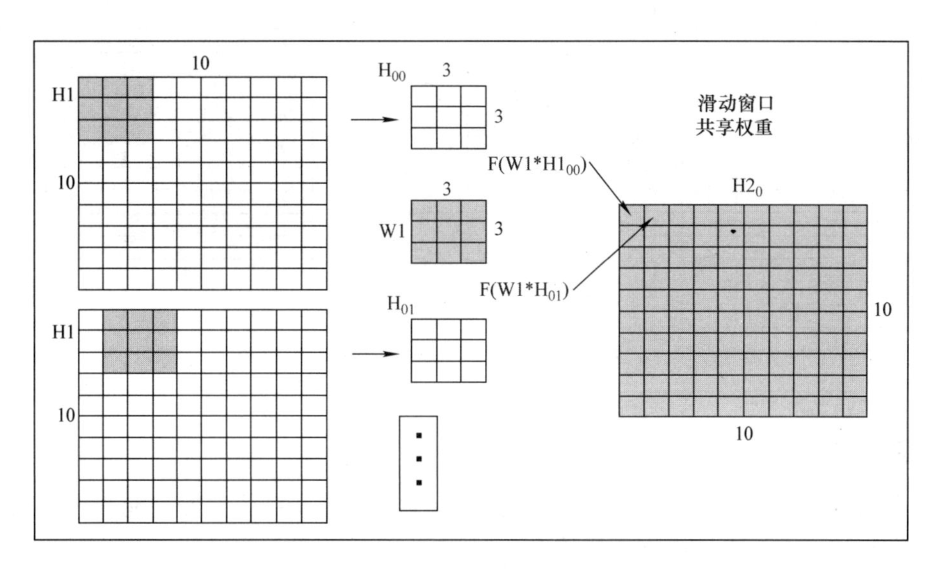

或许会想知道当窗口到达图像边缘时会发生什么情况。具体操作实际上是穿过边缘的可忽略窗口之间，并用占位符来进行填充。对于卷积层，常用操作是用 0 或平均值来填充。这就是 TensorFlow 中所谓的 **“SAME” 填充**，因为卷积输出形状保持不变。

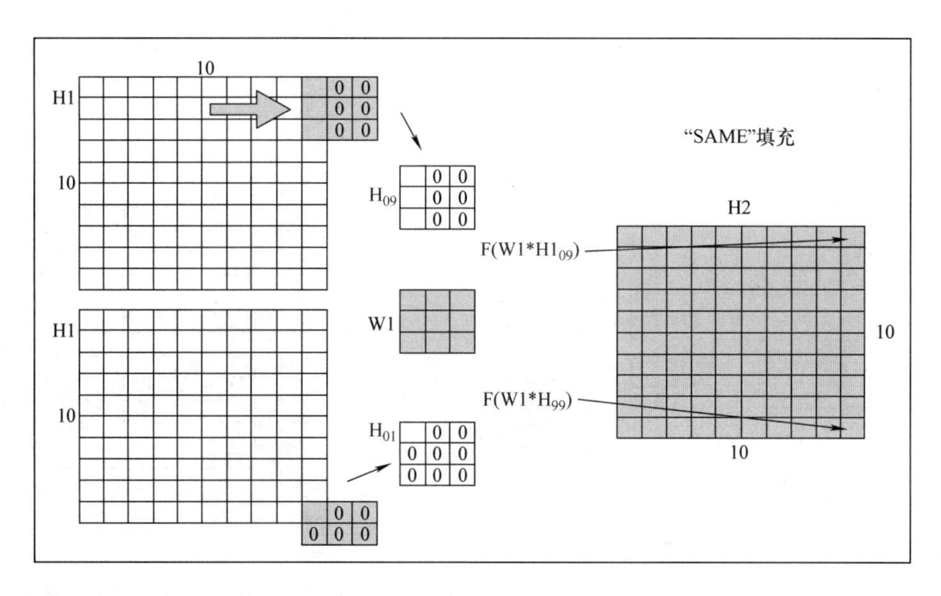

值得注意的是，在最终的窗口中，只能看到一个值。但该像素可能出现在许多其他位置，所以不要认为是被去除。

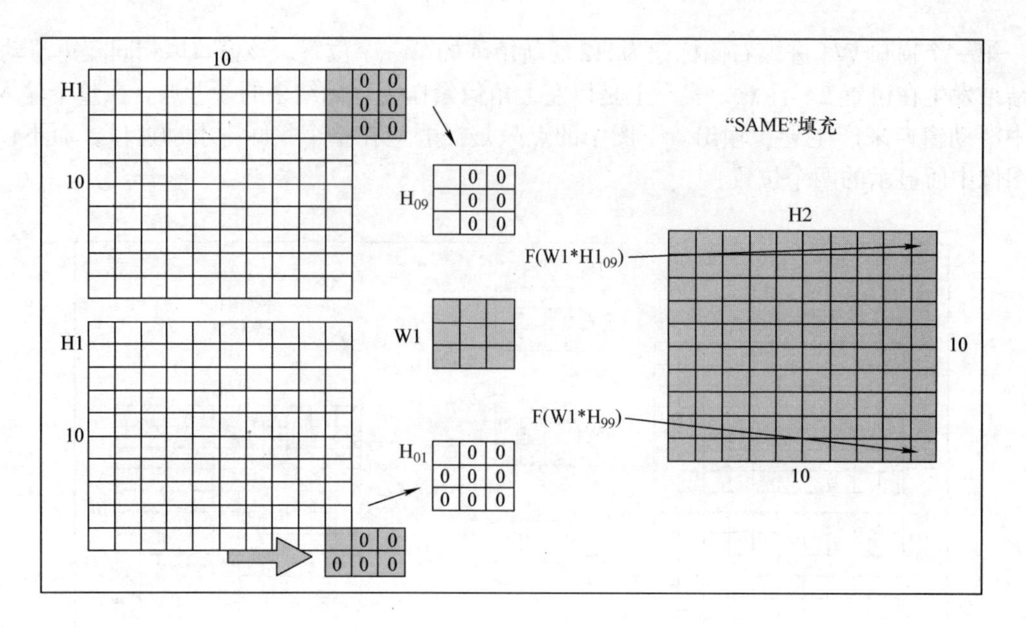

3.1.1 多特征提取

上节提取了滑动窗口的一组权重，这实质上是计算滑动特征，但可能希望在同一窗口中得到多个特征，如垂直边缘和水平边缘。

要提取多个特征，只需增加一个初始化完全不同的权重矩阵。这些多个权重集是与额外神经元和密集连接层相关。位于图像中心的每个权重矩阵 W1（蓝色）和 W2（绿色）将会对下图右侧 $H2_1$（粉色）和 $H2_0$（橙色）所示的额外色彩得到另一个输出矩阵。

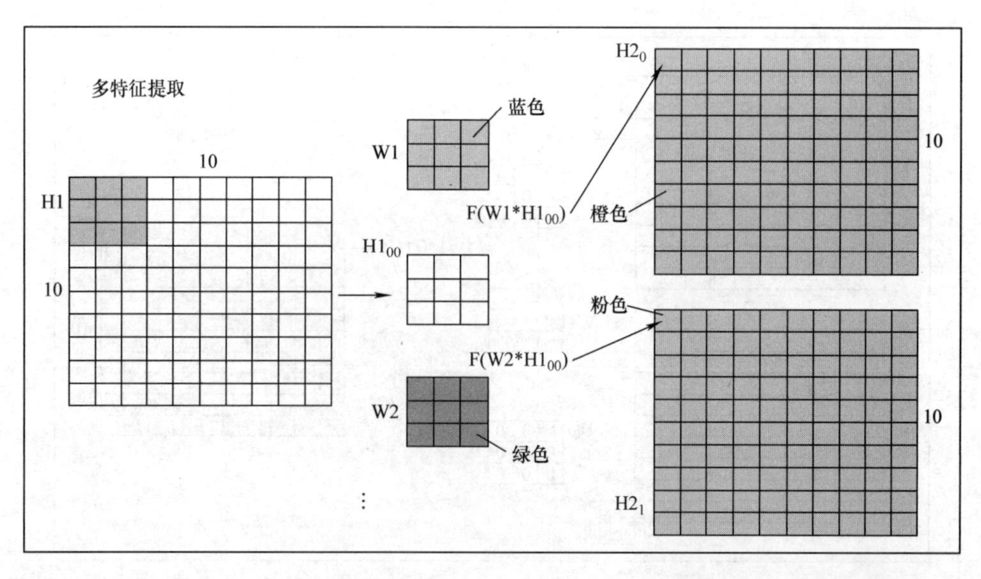

正如通过卷积提取多特征一样，也可将多特征输入到神经网络。最明显的示例是具有多种颜色的图像。

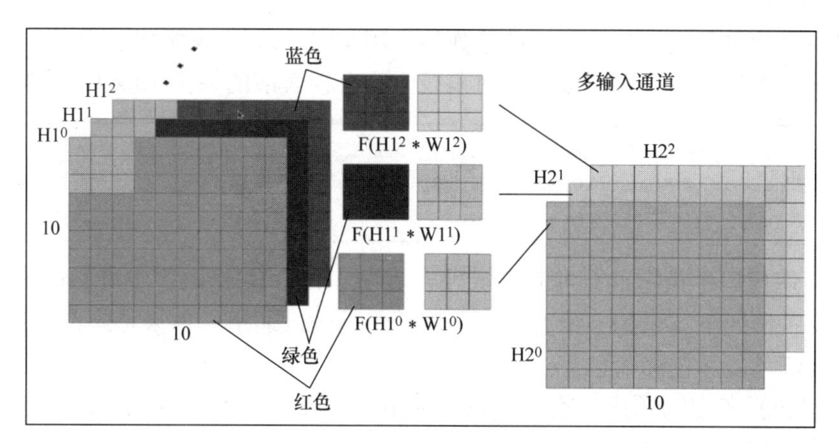

现在，观察上图中的矩阵，现有一个红色值的矩阵、一个绿色值的矩阵和一个蓝色值的矩阵。相应的权重矩阵是与颜色大小相同的窗口的一个 $3 \times 3 \times 3$ 权重张量。当然，可以将所有方法相结合，这通常应用于在计算出窗口 32 个特征的第一个卷积层之后。这时对于下一层就具有多输入通道。

3.2 卷积层应用

接下来在 TensorFlow 中实现一个简单的卷积层。首先，确定本例中的显式形状，这往往是非常麻烦的。然后，具体实现，并在 TensorFlow 中调用卷积。最后，通过输入一个简单的示例图像来直观检查卷积结果。

3.2.1 卷积层探讨

通过启动新的 IPython 会话，跳转到相应代码：

```
In [1]:
import tensorflow as tf
import math
import numpy as np

sess = tf.InteractiveSession()

# Make some fake data, 1 data points
image = np.random.randint(10,size=[1,10,10]) + np.eye(10)*10

# TensorFlow placeholder
# None is for batch processing
# (-1 keeps same size)
# 10x10 is the shape
# 1 is the number of "channels"
# (like RGB colors or gray)
x = tf.placeholder("float", [None, 10, 10])
x_im = tf.reshape(x, [-1,10,10,1])

### Convolutional Layer

# Window size to use, 3x3 here
winx = 3
winy = 3

# How many features to compute on the window
num_filters = 2

# Weight shape should match window size
# The '1' represents the number of
# input "channels" (colors)
W1 = tf.Variable(tf.truncated_normal(
    [winx, winy,1, num_filters],
    stddev=1./math.sqrt(winx*winy)))
b1 = tf.Variable(tf.constant(
    0.1,shape=[num_filters]))
```

这只是一个简单示例来帮助人们熟悉如何使用 TensorFlow 来实现卷积层。

引入必要的工具之后，先生成一个对角线上具有较大值的模拟 10×10 图像：

```
# Make some fake data, 1 data points
image = np.random.randint(10,size=[1,10,10]) +
np.eye(10)*10
```

注意，上述代码中指定的是非正常大小。其中，10，10 是图像维度，而 1 是指输入通道个数。在这种情况下，采用一个类似于灰度图像的输入通道。如果是彩色图像，则需要 3 个通道来表征红色、绿色和蓝色。

虽然本例和所考虑问题中只有一个灰度通道，但在深度卷积神经网络一节中将会学习如何从一个卷积层产生多个输入，从而在下一个卷积层中产生多通道输入。因此，应掌握如何进行处理。

接下来，通过 TensorFlow 的占位符函数，还需要完成一些看似不常用的操作。

```
x = tf.placeholder("float", [None, 10, 10])
x_im = tf.reshape(x, [-1,10,10,1])
```

在自然方式输入用于多幅图像批处理的 10,10 和 None 占位符变量之后，调用 tf.reshape。该函数用于重新排列图像维度，并将其置于一个期望的 TensorFlow 形状中。–1 是指设定图像维度为需要保持的整体维度。10,10 当然是指图像尺寸，最后的 1 是当前的通道个数。再次强调，如果是三通道的彩色图像，该值应为 3。

对于该卷积层示例，需要查看 3 像素高且 3 像素宽的图像窗口。因此，通过下列代码进行设定：

```
# Window size to use, 3x3 here
winx = 3
winy = 3
```

另外，需从每个窗口提取两种特征，即滤波器个数：

```
# How many features to compute on the window
num_filters = 2
```

也可以将其看作核的个数。

设定权重是最关键的，一旦了解了语法规则，则非常容易。

```
W1 = tf.Variable(tf.truncated_normal(
      [winx, winy,1, num_filters],
      stddev=1./math.sqrt(winx*winy)))
```

如上所述，使用 tf.truncated_normal 函数来生成随机权重，只是尺寸比较特殊。显然，参数 winx 和 winy 是指窗口大小，1 是输入通道个数，因为只有灰度，最后一个参数（num_ filters）是输出维度，即滤波器个数。

再次强调，这是模拟一个密集连接层的神经元个数。对于随机性的标准偏差，仍与参数个数成比例，但注意每个权重都有一个参数，即 winx*winy。

当然，还需要为每个输出神经元设置一个阈值变量，即每个滤波器一个：

```
b1 = tf.Variable(tf.constant(
     0.1,shape=[num_filters]))
```

tf.nn.conv2d 函数是本例中的真正核心操作。首先输入重新整理的输入变量 x_im，然后是对每个窗口施加的相应权重，接下来是 strides 参数。

Strides 参数主要用于在 TensorFlow 中设置每次窗口的移动大小。

卷积层的典型用法是将一个像素向右切换，然后在完成一行时，再向下切换一个像素。因此，会产生大量重叠。如果要向右切换两个像素，则相应地也向下切换两个像素，这时可输出 strides=[1,2,2,1]。其中，最后一个数值表示移动的通道个数，第一项表示在批处理中处理单幅图像。通常这两项设置为 1。

```
xw = tf.nn.conv2d(x_im, W1,
        strides=[1, 1, 1, 1],
        padding='SAME')
```

padding='SAME' 的含义如上节中所述。这意味着即使超出输入图像的边界，滑动窗口仍会继续运行。与步长为 1 相结合，表明卷积输出维度应与输入相同，而不考虑滤波器或通道的个数。

最后，将这个卷积输出传递给激活函数：

```
h1 = tf.nn.relu(xw + b1)
```

在此，采用 relu 函数，即修正线性单元函数。本质上，这意味着任何负输入都设置为零，而正输入保持不变。由于该激活函数通常与卷积神经网络配合使用，所以有必要熟悉了解。既然已乘以权重 W1，接下来只需添加阈值项来生成卷积层输出。

在 TensorFlow 中初始化变量：

```
# Remember to initialize!
sess.run(tf.global_variables_initializer())
```

现在，就实现了卷积操作。好的！接下来进行观察分析。

首先，需要评估节点 h1，将示例图像作为输入数据：

```
# Peek inside
H = h1.eval(feed_dict = {x: image})
```

根据下列代码，可知何处开始观察所用的示例图像：

```
# Let's take a look
import matplotlib.pyplot as plt
plt.ion()

# Original
plt.matshow(image[0])
plt.colorbar()
```

上面代码中的 0 是由于形状奇怪而产生的，实际上并没有太多数据点。可以看到对角线上的值大于其他值，这只是为了区别于纯粹的随机情况（见彩图 8）：

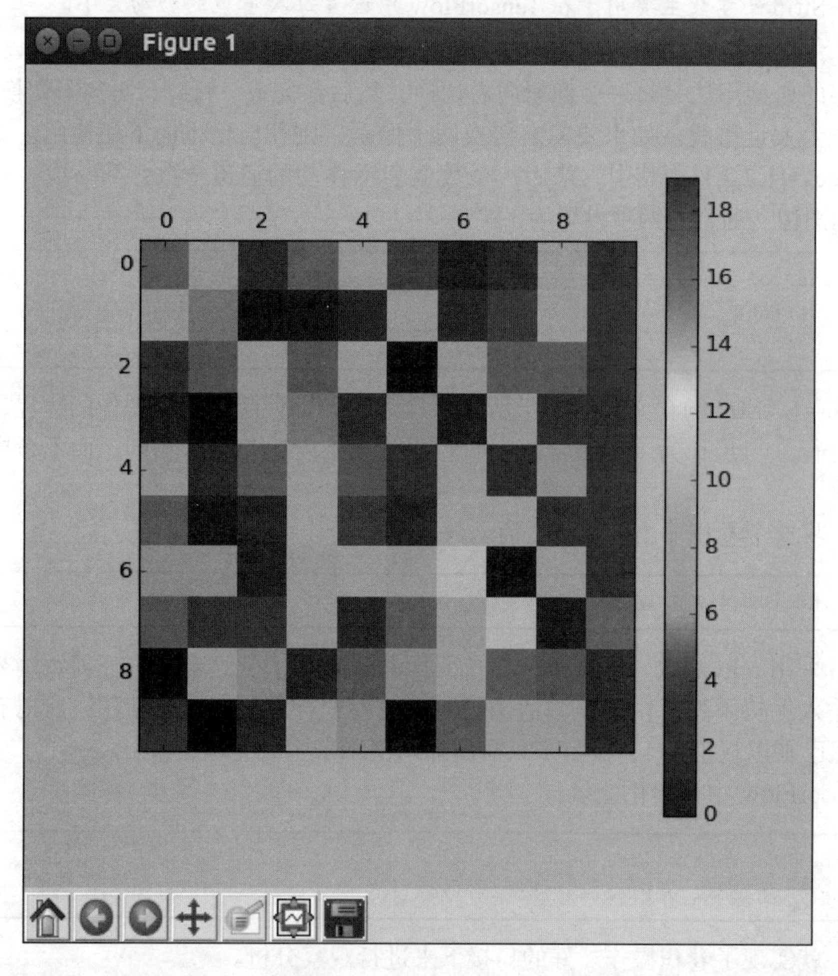

首先观察第一个输出特征，记住输出 H 为 1,10,10,2，因为具有 1 个数据输入，宽度和高度各占 10 个像素以及两个特征。为获得第一个特征，希望所有像素值和零值都通过滤波。这非常有意义。

```
# Conv channel 1
plt.matshow(H[0,:,:,0])
plt.colorbar()
```

注意有多少位置输出为零（见彩图 9）：

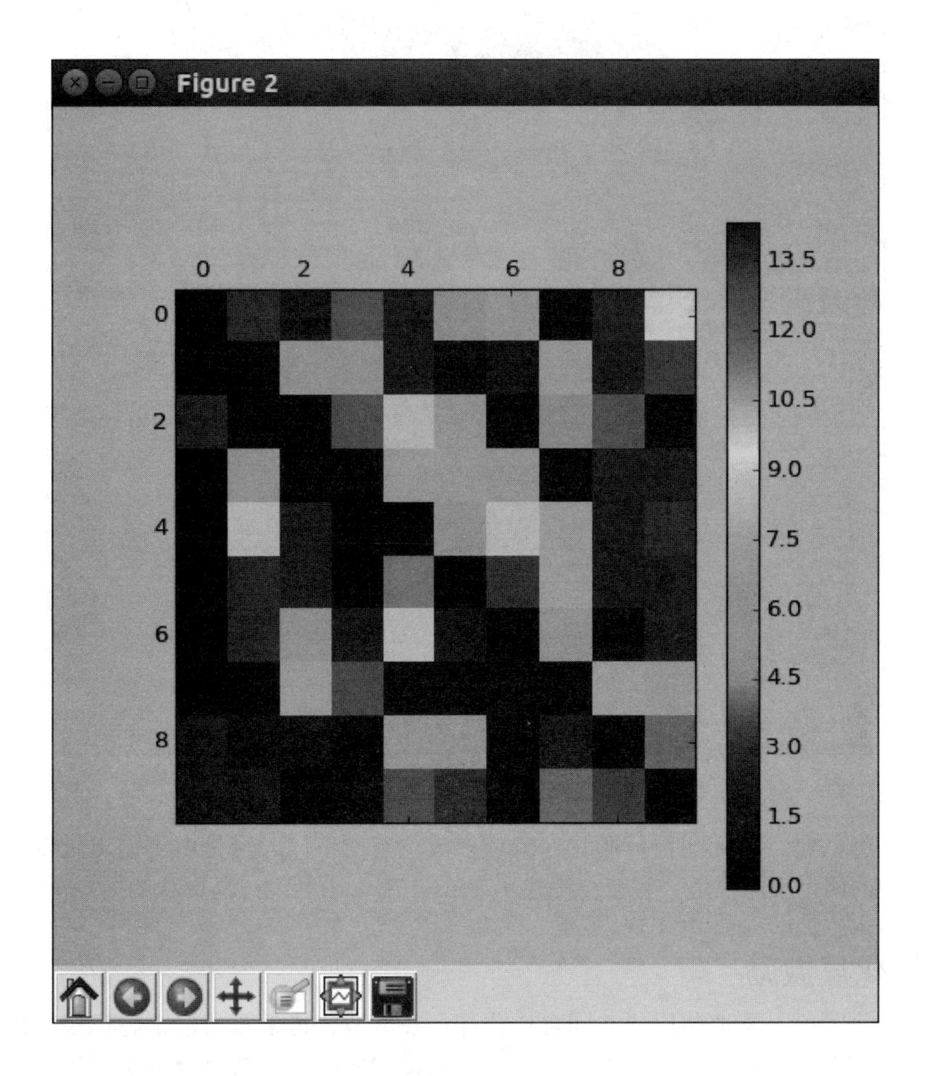

这是 relu 激活函数的校正部分。非常整齐有序。第二个特征看起来类似，只是取决于随机初始化。这些权重尚未经过任何训练，所以不期望能产生有意义的输出。在此，看到存在许多零值，除此之外，都是许多较小的值（见彩图 10）。

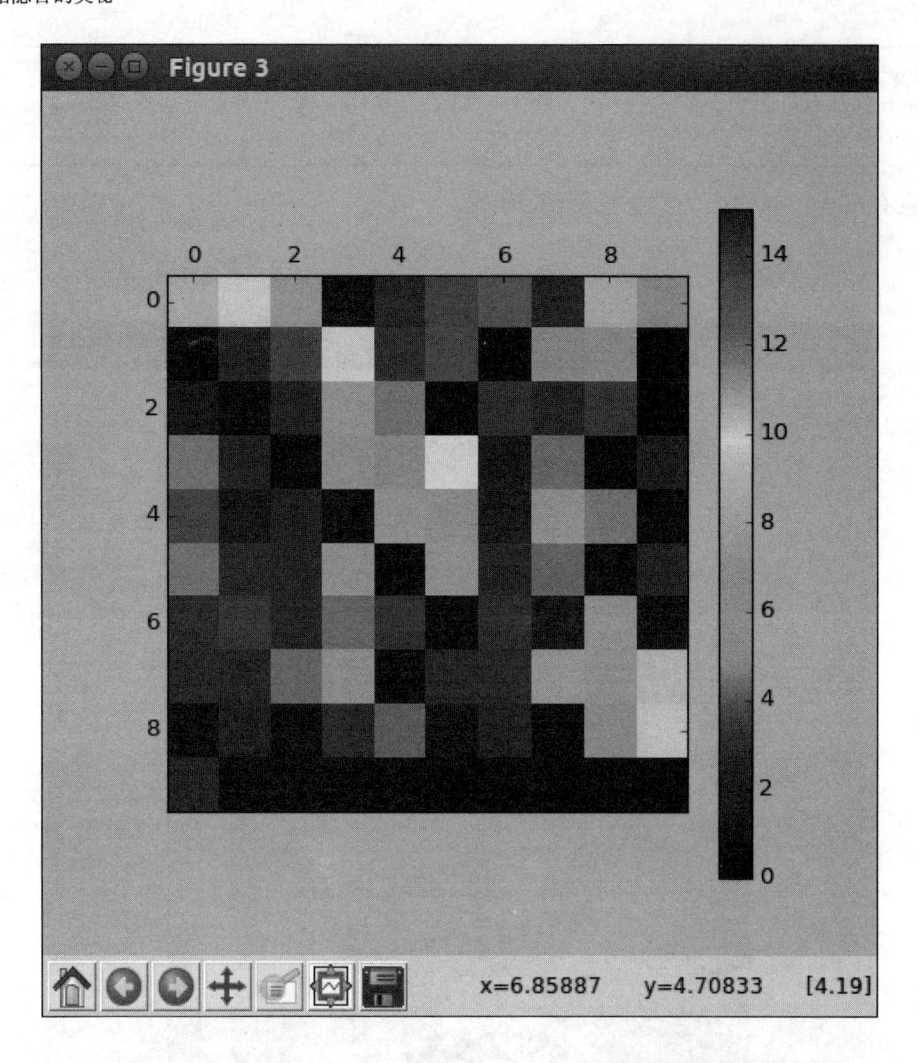

值得注意的是，实际图像可能看起来或多或少有所不同，这是由于输出维度相同，只是同一图像的两个不同视角。本节，构建了 TensorFlow 中处理奇怪形状的第一个卷积层。

3.3 池化层激励

现在，来了解一下池化层的共同合作伙伴。在本节，将学习类似于卷积层的最大池化层，尽管它们在常用用法上有一些差异。然后通过如何将这些层组合以实现最佳效果来整理总结。

3.3.1 最大池化层

假设已通过卷积层提取出图像特征，并假设在图像窗口中具有一个检测小狗形状的小的权重矩阵。

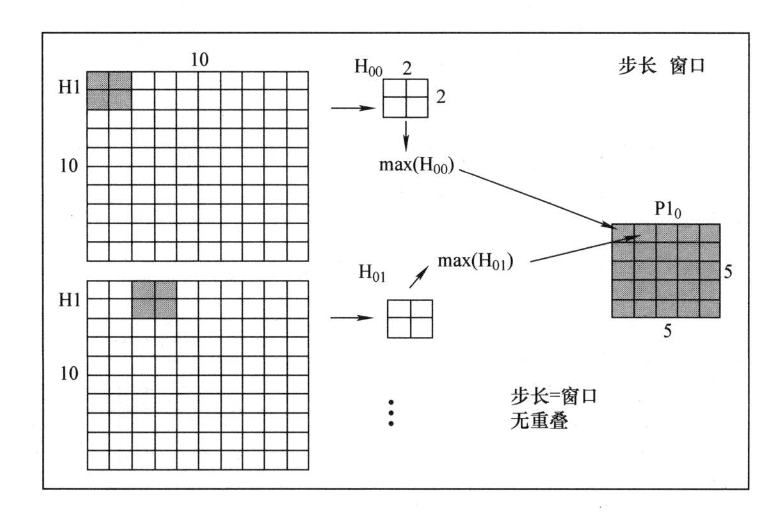

在进行卷积运算后，输出可能会出现许多具有小狗形状的邻近区域，但这确实是由于重叠造成的。或许会有一幅多个小狗的图像，但不会有那么狗都挨在一起。有时真的希望能实现一次上述功能，而且最好是在功能最强大的地方。与卷积层一样，池化层也是工作在图像的小滑动窗口上。

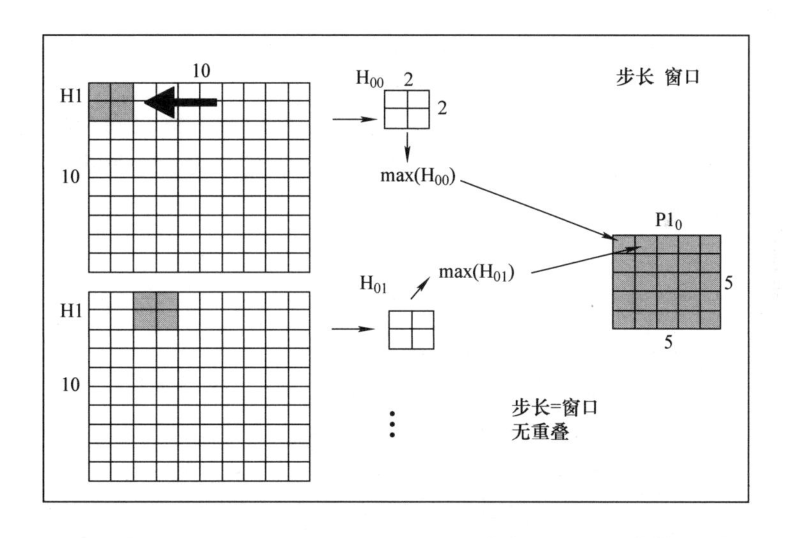

通常情况下，研究人员是在一个或多个卷积层之后添加一个池化层。池化层的窗口大小一般是 2×2。所需做的只是提取 4 个相邻值，其中 H_{00} 通常是指该值无相应权重。现在，希望以一种方式将这 4 个值结合起来，来提取该窗口的最显著特征。一般而言，是要提取最显著特征，因此选择最大值的像素（$max(H_{00})$），而去除其余像素。但也可以取平均值或一些特殊值。另外，尽管在卷积窗口存在大量重叠，但对于池化窗口，通常不需要任何重叠，因此，步长等于窗口大小。

在前面 10×10 的示例输出中，池化层的输出只有 5×5，这是由于步长发生了变化。

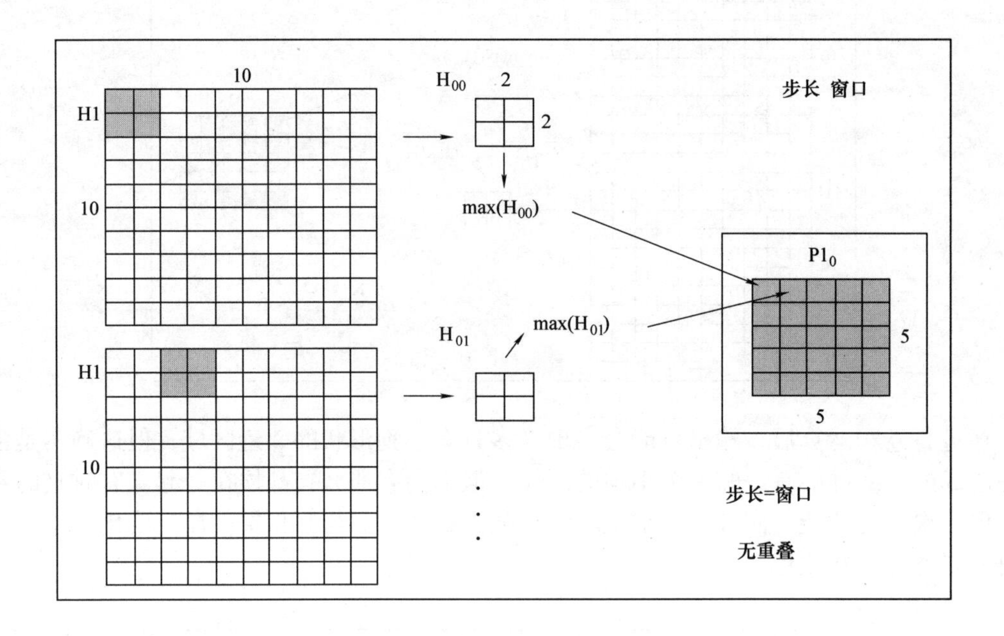

与卷积层的另一个关键区别是池化层通常有不同的填充方案，而卷积层只采用相同的填充方式和零填充，大多情况下，对池化层采用有效填充方式。这意味着如果一个窗口超越图像边界，则去除该窗口。

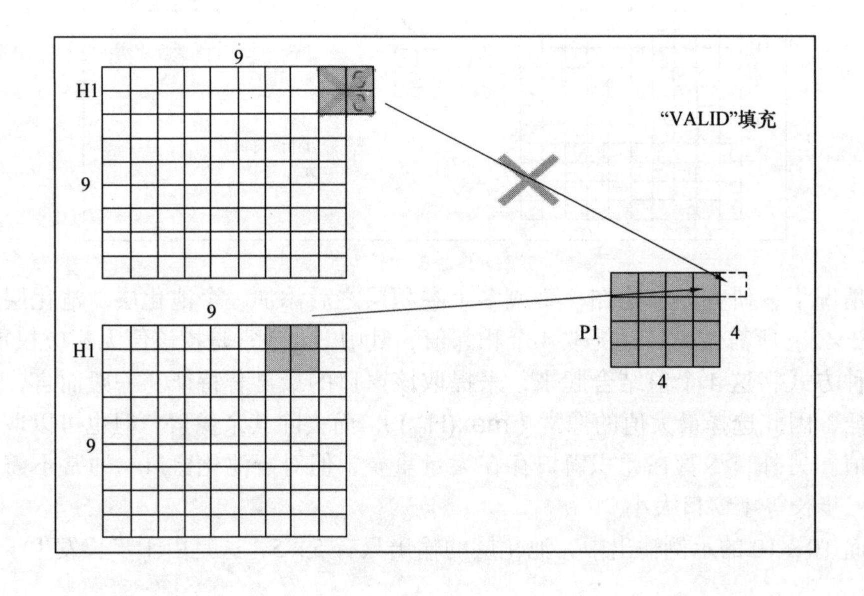

这样会在边缘处丢失一些信息，但可确保输出不会受填充值影响。

该示例是对池化层采用 9×9 的输入，但由于有效填充和步长为 2，输出只能是 4×4。对于 8×8 的输入，输出同样是 4×4。

只有将卷积层和池化层结合起来，才能发挥其真正功能。通常，卷积层位于模型的输入侧，也许是一个 3×3 窗口。

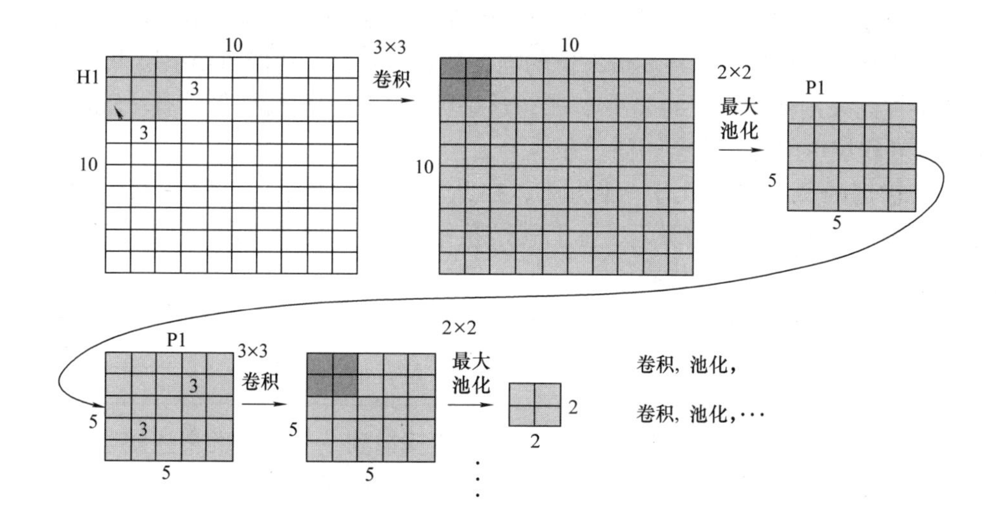

这是寻找图像中所有相同的特征。

然后，紧接着是一个 2×2 的最大池化层，只池化了该区域中最显著的特征，并缩小尺寸。可以多次迭代该过程。

经过池化层之后，现在实际上是一个较小的图像 P1，而不是像素的颜色强度，这称为特征强度。因此，可以创建另一个卷积层来读取第一个池化层的输出，即上图底部所示的 P1，然后再对此应用另一个最大池化层。注意，由于池化作用，图像尺寸逐渐缩小。直观地说，可将其看作在更大的图像区域内构建一个更大的尺度特征。

之前的卷积权重通常是用于检测简单边缘，而连续卷积层将这些边缘连接成诸如面部、汽车甚至狗的更复杂形状。

3.4 池化层应用

本节，将学习最大池化层的 TensorFlow 函数，然后介绍从一个池化层反向转换到一个全连接层。最后，可视化观察池化层输出来验证其缩小尺寸。

在此，仍以上节中结束处为例。首先确保在开始之前已执行完直到池化层的所有操作。

已知将一幅 10 × 10 的图像经过 3 × 3 的卷积并完成修正线性激活。现在，在卷积层之后添加一个 2 × 2 的最大池化层。

```
p1 = tf.nn.max_pool(h1, ksize=[1, 2, 2, 1],
          strides=[1, 2, 2, 1], padding='VALID')
```

此处的关键是 tf.nn.max_pool 函数。其中，第一个参数是上一卷积层的输出 h1，接下来是特定大小 ksize。该参数只是定义了池化层的窗口大小。在此为 2 × 2。另外，第一个 1 是指一次或批量提取多少数据点，通常设置为 1。最后一个 1 是指在一次池化所包含的通道个数。注意，由于卷积产生两个输出滤波器，实际上在此具有两个通道。但在当前位置上只有一个，这是每次计算单个特征最大值的唯一缺点。Strides 功能与卷积层中的作用相同。不同之处是在此采用池化窗口的大小 2 × 2，这是因为不希望出行任何重叠。Strides 中的前后两个 1 与卷积层中的含义完全相同。

因此，输出的每一维都只有一半大小，在此为 5 × 5。最后，设置 padding 为 VALID。这意味着如果窗口超过图像边缘，实际上就是卷积输出，则去除不用。如果池化层又反馈到另一个卷积层，可增加如下代码：

```
# We automatically determine the size
p1_size = np.product([s.value for s in p1.get_shape()[1:]])
```

不管对卷积层采取何种操作，都又如上节所述反馈到一个经典的全连接层。这非常简单，仅需将输出扩展为多个输出通道为一维长向量的二维矩阵。

上列代码是一种自动计算扁平池化层输出的方式。所执行的操作是乘以所有维度的大小。因此一个具有两通道的 5 × 5 矩阵将会产生 5 × 5 × 2 个输出，即 50 个输出。下一行代码中的 tf.reshape 实际上将该值转换为数组：

```
p1f = tf.reshape(p1, [-1, p1_size ])
```

该代码中的 -1 是一次性批处理多输入图像。目的是通过 TensorFlow 找出第一维以使得参数总个数保持不变。观察池化层的输出可看到一个具体示例：

```
P = p1.eval(feed_dict = {x: image})
```

首先，必须在给定输入图像下评估池化层输出。

由于池化层取决于卷积层，因此 TensorFlow 首先自动将图像经过卷积层。观察结果的方式与卷积输出时完全相同（见彩图 11）。

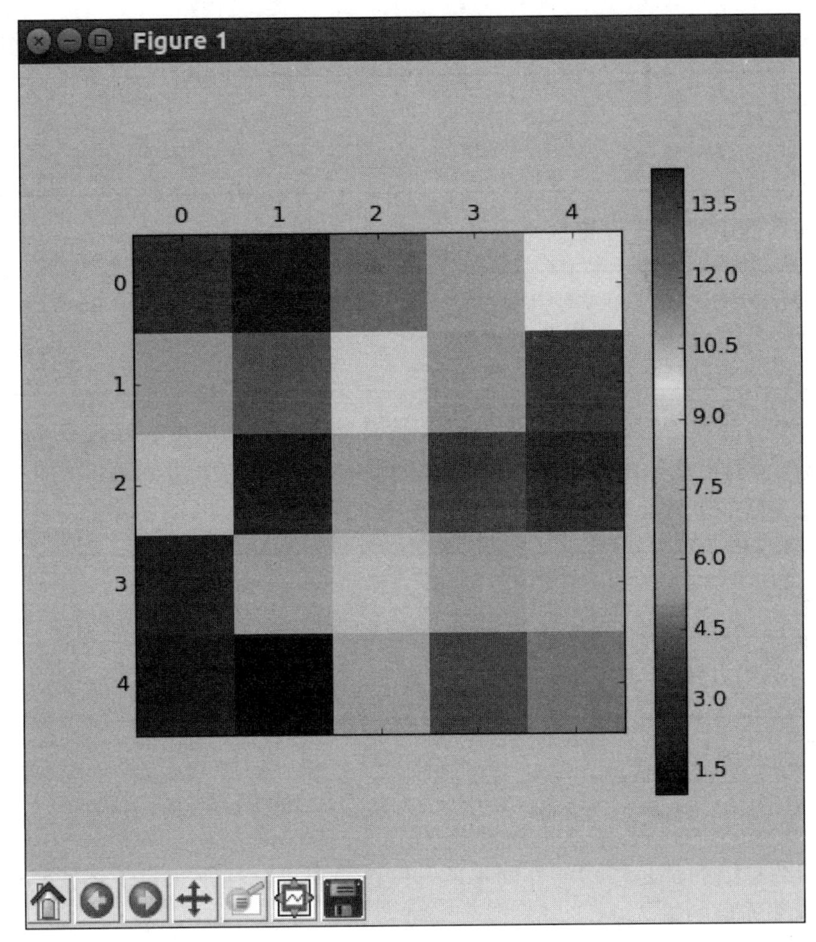

观察上层中第一个滤波器输出，可知为 5 × 5 矩阵。

另外还注意到这些值均位于卷积输出的同一单元内。由于在池化层中仅激活最大层，因此 3 个值都位于每个 2 × 2 窗口，且有一个值超前于下一层。

3.5 深度卷积神经网络

本节将考虑得更为深入。在此，对于字体分类模型，添加一个卷积层与池化层组合。首先确保该组合馈入一个密集连接层，并观察模型如何工作。在进入新的卷积模型之前，还必须要启动一个新的 IPython 会话。执行相同操作直到 num_filters=4。

3.5.1 添加卷积层和池化层组合

在卷积层中，将采用提取 4 个特征的 5 × 5 窗口，这要比示例中的稍大。

现在，需要通过模型来进行学习。首先，采用 tf.reshape 函数将 36 × 36 的图像转换为 36 × 36 × 1 大小的张量：

```
x_im = tf.reshape(x, [-1,36,36,1])
```

其中，重要的一点是要保持通道个数不变。现在，按要求设置滤波器个数和窗口个数：

```
num_filters = 4
winx = 5
winy = 5
```

另外，如示例中所述，设置权重张量：

```
W1 = tf.Variable(tf.truncated_normal(
     [winx, winy, 1 , num_filters],
     stddev=1./math.sqrt(winx*winy)))
```

winx 和 winy 常数为窗口维度。1 是输入通道个数，只有灰度，num_filters 是指所要提取的特征个数。同样，该值就相当于密集连接层中神经元的个数。阈值的工作原理相同，只是仅考虑滤波器的个数：

```
b1 = tf.Variable(tf.constant(0.1,
                 shape=[num_filters]))
```

conv2d 的调用方式也与上例相同：

```
xw = tf.nn.conv2d(x_im, W1,
                  strides=[1, 1, 1, 1],
                  padding='SAME')
```

上述所归纳总结的都是使得操作简单的一些注意事项。接下来是上述代码的具体描述：

- x_im 为变换后的输入；
- W1 属性是所定义的权重矩阵；
- strides 是使得 TensorFlow 每次单步长移动窗口；
- padding='SAME' 是指允许窗口越过图像边界。

现在，将卷积操作经过 relu 激活函数来完成卷积层。干得漂亮！

```
h1 = tf.nn.relu(xw + b1)
```

对于池化层，同样也与上节所述的操作完全相同：

```
# 2x2 Max pooling, no padding on edges
p1 = tf.nn.max_pool(h1, ksize=[1, 2, 2, 1],
        strides=[1, 2, 2, 1], padding='VALID')
```

在卷积层每次 stride 内滑动两次的 2×2 窗口，即 ksize。当将要越过数据边界时，padding='VALID' 会自动停止。这样就形成一个卷积层和池化层相结合的组合层，接下来再添加一个典型的密集连接层：

```
p1_size = np.product(
          [s.value for s in p1.get_shape()[1:]])
p1f = tf.reshape(p1, [-1, p1_size ])
```

首先，需要重新生成一个一维向量的池化层输出。正如最后一节所述。然后自动计算池化层输出的维度，从而得到扁平化的参数个数。

3.5.2 应用卷积神经网络进行字体分类

现在，创建一个具有 32 个神经元的密集连接层：

```
# Dense layer
num_hidden = 32
W2 = tf.Variable(tf.truncated_normal(
     [p1_size, num_hidden],
     stddev=2./math.sqrt(p1_size)))
b2 = tf.Variable(tf.constant(0.2,
     shape=[num_hidden]))
h2 = tf.nn.relu(tf.matmul(p1f,W2) + b2)
```

当然，在此需要以该层的输入个数 p1_size 来初始化权重矩阵。这正是从卷积和池化层的输出中得到扁平数组。另外，还需要 32 个输出 num_hidden。阈值项的工作原理与一些非零的较小初始值完全相同。在此，仍然采用 relu 激活函数。

最后，像往常一样，定义输出逻辑回归：

```
# Output Layer
W3 = tf.Variable(tf.truncated_normal(
     [num_hidden, 5],
     stddev=1./math.sqrt(num_hidden)))
b3 = tf.Variable(tf.constant(0.1,shape=[5]))

keep_prob = tf.placeholder("float")
h2_drop = tf.nn.dropout(h2, keep_prob)
```

通过利用一个已有模型，是确保最终的权重采用 num_hidden,5 是尺寸。在此，还有一个称为 dropout 的新属性。不用着急，将会在下节进行详细介绍。在此只需知道该属性有助于过拟合。

现在，可以初始化所有变量，并在 softmax 调用中进行实现：

```
# Just initialize
sess.run(tf.global_variables_initializer())

# Define model
y = tf.nn.softmax(tf.matmul(h2_drop,W3) + b3)
```

注意，变量名必须严格匹配。至此，就已完成所有设置，接下来开始训练：

```
# Climb on cross-entropy
cross_entropy = tf.reduce_mean(
        tf.nn.softmax_cross_entropy_with_logits(
        logits = y + 1e-50, labels = y_))

# How we train
train_step = tf.train.GradientDescentOptimizer(
             0.01).minimize(cross_entropy)

# Define accuracy
correct_prediction = tf.equal(tf.argmax(y,1),
                              tf.argmax(y_,1))
accuracy = tf.reduce_mean(tf.cast(
           correct_prediction, "float"))
```

在此，模型训练过程基本上与之前的模型完全相同。Cross_entropy 节点用于衡量预测误差大小，GradientDescentOptimizer 是用于调节权重矩阵。因此，应注意节点的定义，以便随后可进行精确测量。现在，通过 5000 次迭代来训练模型：

```
# Actually train
epochs = 5000
train_acc = np.zeros(epochs//10)
test_acc = np.zeros(epochs//10)
for i in tqdm(range(epochs), ascii=True):
    # Record summary data, and the accuracy
    if i % 10 == 0:
        # Check accuracy on train set
        A = accuracy.eval(feed_dict={x: train,
            y_: onehot_train, keep_prob: 1.0})
        train_acc[i//10] = A
        # And now the validation set
        A = accuracy.eval(feed_dict={x: test,
            y_: onehot_test, keep_prob: 1.0})
        test_acc[i//10] = A
    train_step.run(feed_dict={x: train,
       y_: onehot_train, keep_prob: 0.5})
```

训练过程将持续 1h 多。但试想一下，如果必须在卷积层中对每个窗口训练不同权重，将会消耗多长时间。根据训练好的模型，可以观察精度曲线。

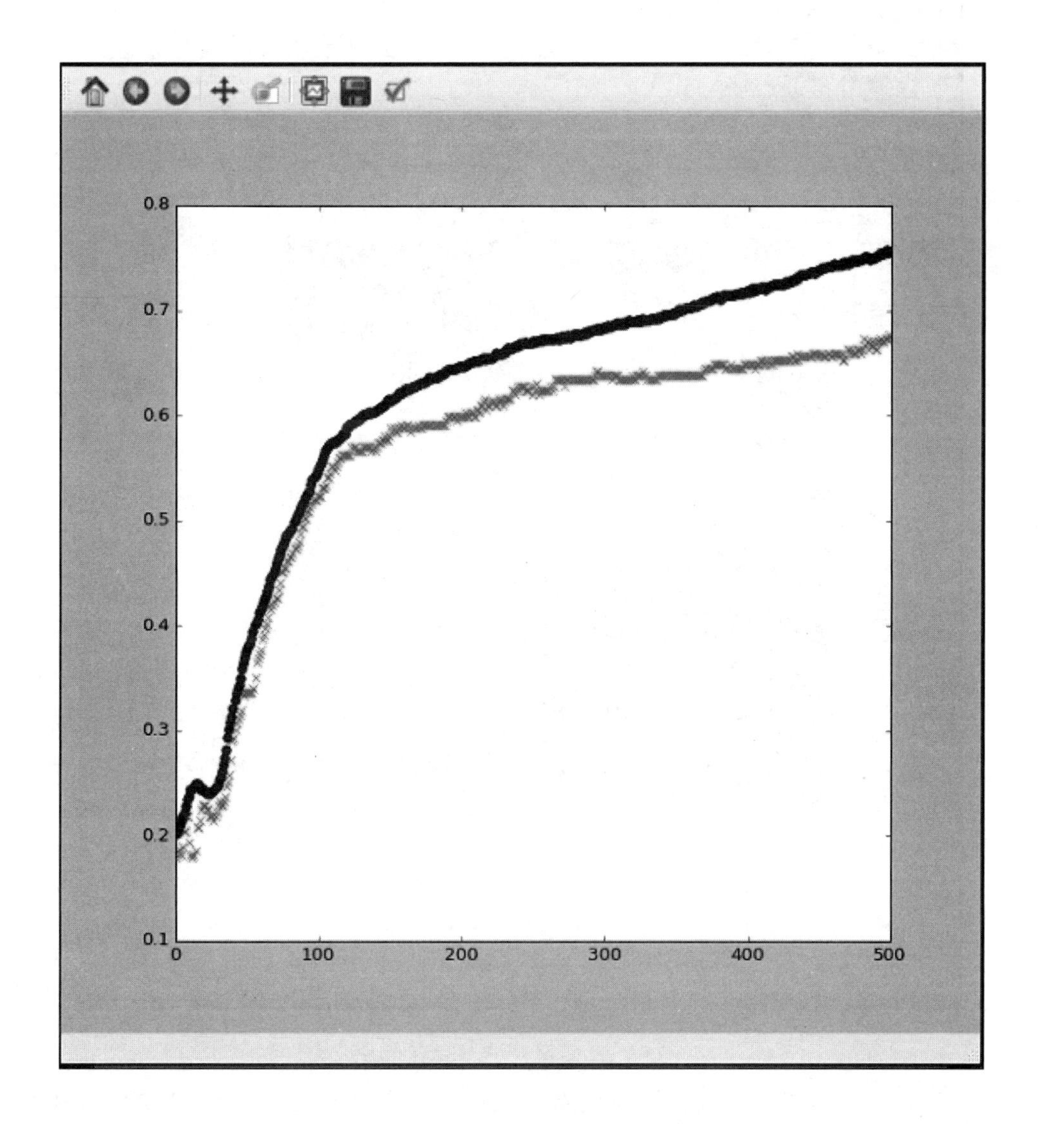

可以看到，该模型要优于之前的密集连接模型，训练精度可达到 76%，验证精度约为 68%。

这可能是由于即便创建了许多不同字母，字体也均以同样方式提取了许多小尺度特征。接下来再来观察混淆矩阵。

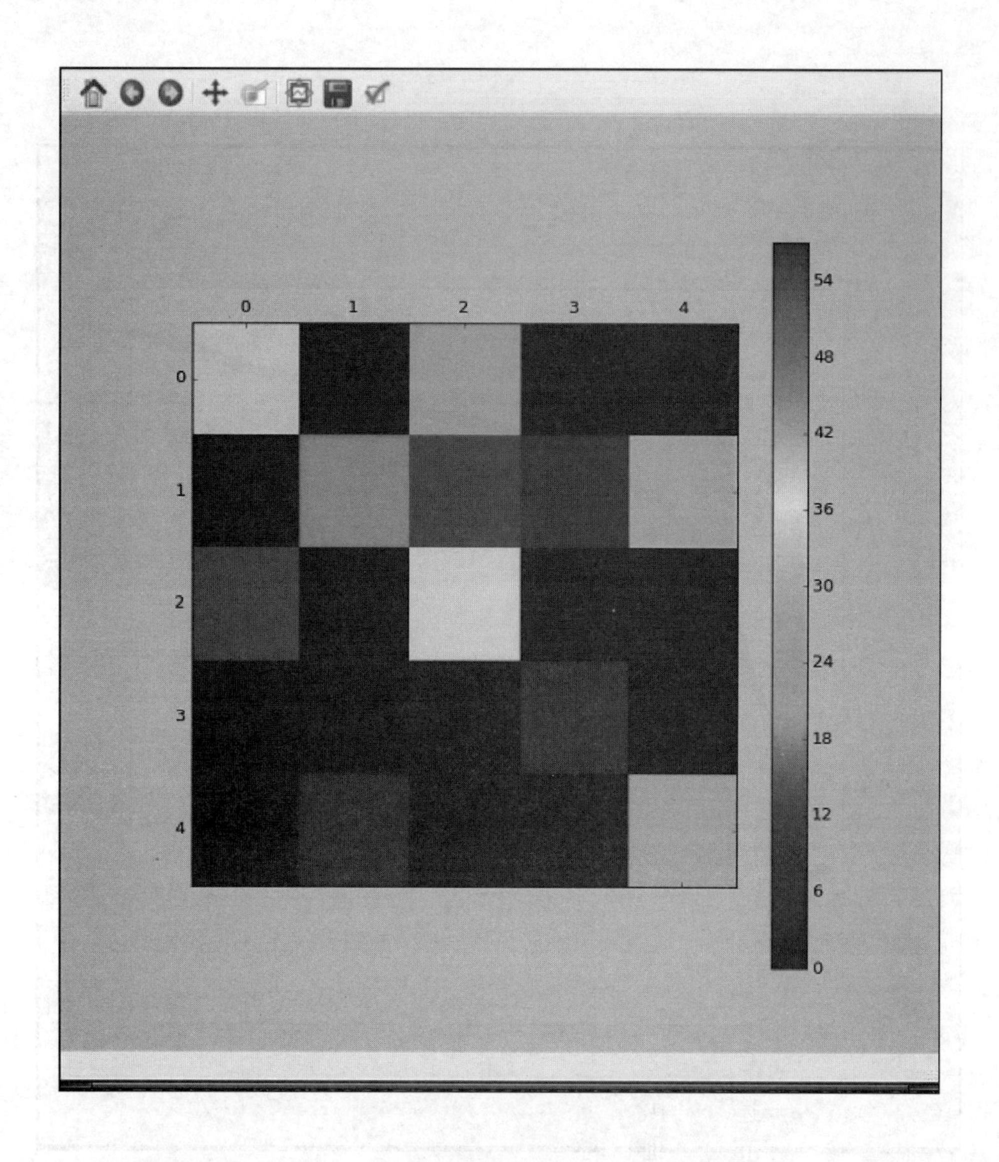

由上图（见彩图 12）可知，该模型尚不完善，但的确有很大改善。1 类仍存在不足，但至少有一部分是正确的，不像之前的模型完全不正确。其他类大多较好。尤其是 3 类非常完美。这并非一个简单问题，所以任何改善都非常好。另外，还通过一些代码来重点检查权重，将在后续内容中进行介绍。但在此可方便地利用这些代码。同时，还可以在一个检查点文件中保存模型权重及其信息。

```
# Save the weights
saver = tf.train.Saver()
saver.save(sess, "conv1.ckpt")
```

```
# Restore
saver.restore(sess, "conv1.ckpt")
```

这非常简单，只需创建一个 saver 对象，然后将会话保存到一个文件中。若想恢复同样也很容易，只需告诉 TensorFlow 所保存在文件中的会话即可。如果喜欢利用 NumPy 来手动保存权重，代码中也提供了相应的函数：

```
# Or use Numpy manually
def save_all(name = 'conv1'):
    np.savez_compressed(name, W1.eval(),
            b1.eval(), W2.eval(), b2.eval(),
            W3.eval(), b3.eval())
save_all()

def load_all(name = 'conv1.npz'):
    data = np.load(name)
    sess.run(W1.assign(data['arr_0']))
    sess.run(b1.assign(data['arr_1']))
    sess.run(W2.assign(data['arr_2']))
    sess.run(b2.assign(data['arr_3']))
    sess.run(W3.assign(data['arr_4']))
    sess.run(b3.assign(data['arr_5']))

load_all()
```

由于 NumPy 的格式非常便捷且相当简便，因此会更加方便。如果要将这些值导出到另一个 Python 脚本，由于无需 TensorFlow，或许会更喜欢用 NumPy。本节中构建了一个卷积神经网络来进行字体分类。目前，还有一个类似的模型正用于该研究问题。利用 TensorFlow，现在已处于深度学习的研究前列。

3.6 更深度卷积神经网络

在本节中，将在上述模型中添加另一个卷积层。不过不用担心，将通过参数来调节尺寸大小，并学习什么是 dropout 训练。

3.6.1 对卷积神经网络中的一层添加另一层

按照惯例，在开始一个新模型时，需要生成一个新的 IPython 会话，并执行代码到 num_filters1。好的，现在可以学习了。首先进入卷积模型。

为何不直接设置第一个卷积层具有 16 个滤波器，远超过之前模型的 4 个滤波器，而这次采用一个 3×3 的较小窗口。另外，注意到改变了一些变量名，如 num_filters 变为 num_filters1。这是因为随后将构建另一个卷积层，而每个卷积层中可能需要不同数量的滤波器。该卷积层的其余部分与之前完全一样，可以进行卷积和 2×2 的最大池化运算，并采用修正线性激活单元。

现在开始添加另一个卷积层。一些模型在经过几次卷积运算后，紧接着是池化层，而另一些模型是先进行一次卷积，然后进行一次池化，再进行一次卷积，以此类推。在此，采用后一种方式。假设需 4 个滤波器和一个 3×3 的窗口。很容易来设置权重，与上一个卷积层唯一不同之处是现在有多个输入通道，参见此处的 num_filters1：

```
# Conv layer 2
num_filters2 = 4
winx2 = 3
winy2 = 3
W2 = tf.Variable(tf.truncated_normal(
    [winx2, winy2, num_filters1, num_filters2],
    stddev=1./math.sqrt(winx2*winy2)))
b2 = tf.Variable(tf.constant(0.1,
    shape=[num_filters2]))
```

这是由于通过上一层具有 16 个输入通道。如果 num_filters1=8，则只有 8 个输入通道。可将其看作所要构建的一个低级特征。记住通道个数，且输入为颜色个数，若这么认为，则有可能会有帮助。

在执行真正的第二个卷积层时，一定要确保第一个池化层 p1 的输出值传递进来。现在就可以执行新的 relu 激活函数，然后是另一个池化层。如上所述，通过有效填充进行 2×2 的最大池化：

```
# 3x3 convolution, pad with zeros on edges
p1w2 = tf.nn.conv2d(p1, W2,
      strides=[1, 1, 1, 1], padding='SAME')
h1 = tf.nn.relu(p1w2 + b2)
# 2x2 Max pooling, no padding on edges
p2 = tf.nn.max_pool(h1, ksize=[1, 2, 2, 1],
    strides=[1, 2, 2, 1], padding='VALID')
```

将一次卷积的池化输出扁平化过程与上一个模型完全相同，只是这次重点是对于池化输出 2。将窗口中所有特征的参数个数保存在一个大的向量中：

```
# Need to flatten convolutional output
p2_size = np.product(
      [s.value for s in p2.get_shape()[1:]])
p2f = tf.reshape(p2, [-1, p2_size ])
```

现在，如上节所述，将一个密集连接层插入神经网络中。切记更新变量名。

```
# Dense layer
num_hidden = 32
W3 = tf.Variable(tf.truncated_normal(
    [p2_size, num_hidden],
```

```
    stddev=2./math.sqrt(p2_size)))
b3 = tf.Variable(tf.constant(0.2,
    shape=[num_hidden]))
h3 = tf.nn.relu(tf.matmul(p2f,W3) + b3)
```

在此，又看到上节模型中尚未解释的 tf.nn.dropout：

```
# Drop out training
keep_prob = tf.placeholder("float")
h3_drop = tf.nn.dropout(h3, keep_prob)
```

dropout 是一种暂时将一个神经元与模型分离的方式。在训练过程中执行该操作有助于避免过拟合。每次批处理 TensorFlow 都会在该连接层选择不同的神经元输出以去除。这将有助于在面对训练中产生小变化时模型更加鲁棒。keep_prob 是保持一个特定神经元输出不变的概率。在训练过程中通常设为 0.5。

另外，最终的逻辑回归层和训练节点代码都和以前完全一样：

```
# Output Layer
W4 = tf.Variable(tf.truncated_normal(
    [num_hidden, 5],
    stddev=1./math.sqrt(num_hidden)))
b4 = tf.Variable(tf.constant(0.1,shape=[5]))

# Just initialize
sess.run(tf.initialize_all_variables())

# Define model
y = tf.nn.softmax(tf.matmul(h3_drop,W4) + b4)

### End model specification, begin training code

# Climb on cross-entropy
cross_entropy = tf.reduce_mean(
        tf.nn.softmax_cross_entropy_with_logits(
        y + 1e-50, y_))

# How we train
train_step = tf.train.GradientDescentOptimizer(
             0.01).minimize(cross_entropy)

# Define accuracy
correct_prediction = tf.equal(tf.argmax(y,1),
                              tf.argmax(y_,1))
accuracy = tf.reduce_mean(tf.cast(
           correct_prediction, "float"))
```

现在可以进行训练了。在此可训练整个卷积神经网络，由此可得最终模型：

```
# Actually train
epochs = 6000
train_acc = np.zeros(epochs//10)
test_acc = np.zeros(epochs//10)
for i in tqdm(range(epochs), ascii=True):
    # Record summary data, and the accuracy
    if i % 10 == 0:
        # Check accuracy on train set
        A = accuracy.eval(feed_dict={x: train,
            y_: onehot_train, keep_prob: 1.0})
        train_acc[i//10] = A
        # And now the validation set
        A = accuracy.eval(feed_dict={x: test,
            y_: onehot_test, keep_prob: 1.0})
        test_acc[i//10] = A
    train_step.run(feed_dict={x: train,\
        y_: onehot_train, keep_prob: 0.5})
```

该模型可能需要几小时来训练，因此可以在下一节之前开始训练。

3.7 整理总结深度卷积神经网络

现在，通过评估模型精度来整理总结深度卷积神经网络。上节已构建了最终的字体识别模型。现在来观察该模型是如何工作的。在本节中，将学习如何在训练过程中处理 dropout。然后，观察模型所达到的精度。最后，通过可视化权重来了解模型究竟学习到什么。

首先在训练好模型之后启动一个 IPython 会话。记得在训练模型时，采用 dropout 来去除某些输出。

尽管 dropout 有助于过拟合，但在测试过程中，要确保利用每一个神经元。这不仅可提高模型精度，还可保证不会忘记评估模型的某一部分。这就是为何在下列代码中设 keep_prob 为 1.0，目的是要保留所有神经元。

```
# Check accuracy on train set
        A = accuracy.eval(feed_dict={x: train,
            y_: onehot_train, keep_prob: 1.0})
        train_acc[i//10] = A
        # And now the validation set
        A = accuracy.eval(feed_dict={x: test,
            y_: onehot_test, keep_prob: 1.0})
        test_acc[i//10] = A
```

接下来观察最终模型究竟是如何运行的，在此只是像往常一样观察一下训练精度和测试精度：

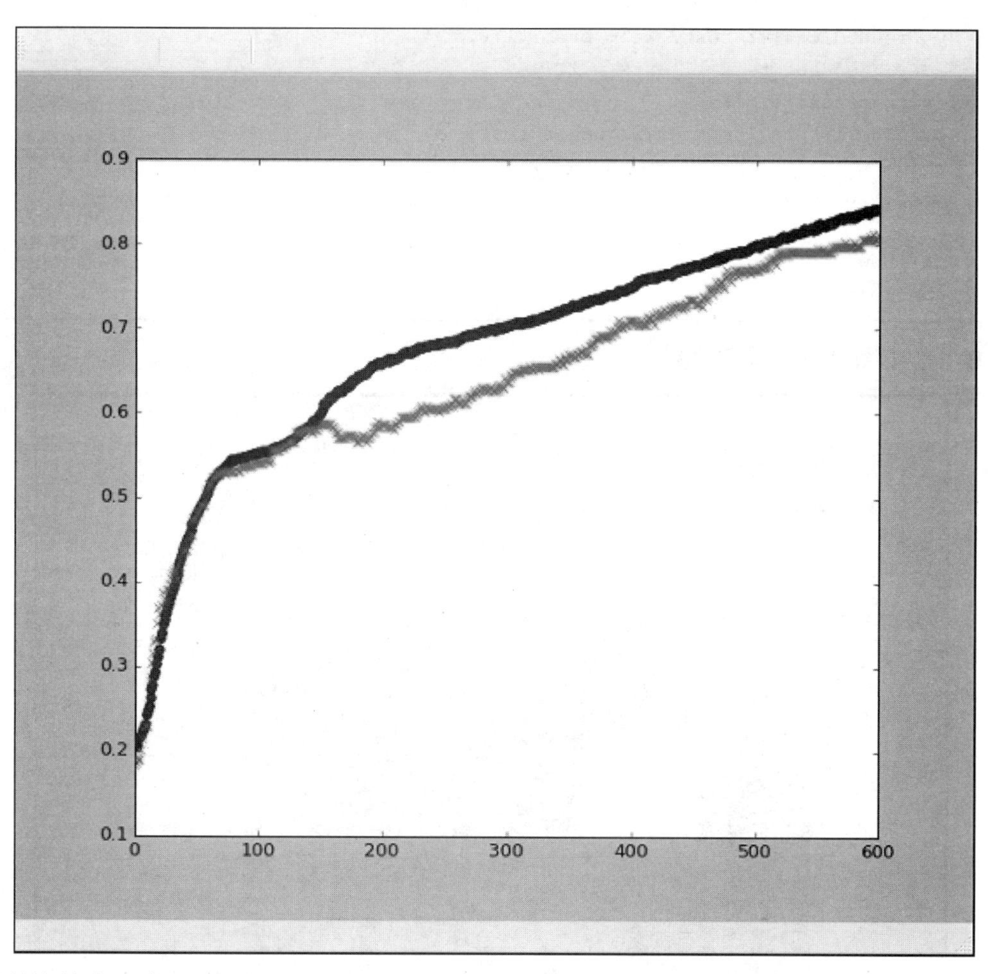

训练精度最高可达到 85%，且测试精度也不算太低。这并不算坏。模型性能的好坏取决于输入数据的噪声程度。如果只有少量信息，不管是示例数量还是像素或参数的个数，都不能期望模型性能足够完美。

在本例中，可选择的一种测度是人类将这些字体中每个单个字母图像进行分类的程度。有些字体很独特，而有些字体非常相似，尤其是某些字母。由于这是一个新的数据集，没有一个直接的基准来进行比较，但读者可以来挑战本书所提出的模型。如果要挑战，可能需要减少训练时间。当然，参数较少且计算较为简单的小神经网络会训练更快。或者，如果利用 GPU 或至少一个多核 CPU，也可以极大地提高训练速度。通常会比现在好 10 倍以上，这取决于硬件性能。

其中，一部分是并行处理，另一部分是专用于神经网络的高效低级库。但最容易的是从简单开始，逐步处理更复杂的模型，正如针对字体分类问题所做的工作。回到该模型，接下来观察混淆矩阵：

```
# Look at the final testing confusion matrix
pred = np.argmax(y.eval(
```

```
        feed_dict={x: test, keep_prob: 1.0,
        y_: onehot_test}), axis = 1)
conf = np.zeros([5,5])
for p,t in zip(pred,np.argmax(onehot_test,
                              axis=1)):
    conf[t,p] += 1

plt.matshow(conf)
plt.colorbar()
```

输出结果如下（见彩图 13）：

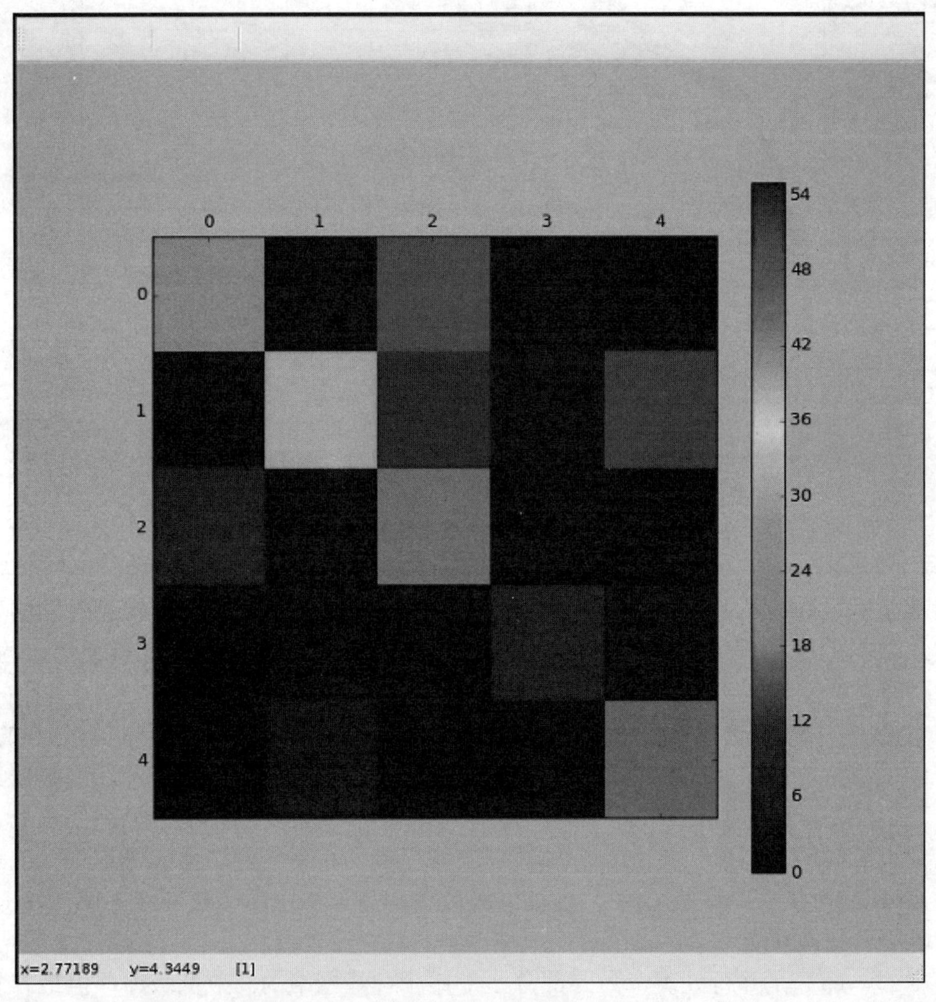

在此，由上图可知，该模型对于不同分类具有较好的性能。分类 1 仍然不够理想，但比之前的模型要好很多。通过将较小尺度的特征构建成较大尺度的特征，最终可得到性能良好的分类器。最终的图像结果或许有所不同，这取决于权重的随机初始化。

接下来，看一下第一个卷积层中 16 个特征的权重：

```
# Let's look at a subplot of some weights
f, plts = plt.subplots(4,4)
for i in range(16):
    plts[i//4,i%4].matshow(W1.eval()[:,:,0,i],
            cmap = plt.cm.gray_r)
```

由于窗口大小为 3×3，因此每一个权重都是 3×3 的矩阵。可以看到这些权重一定会去除小尺度特征。

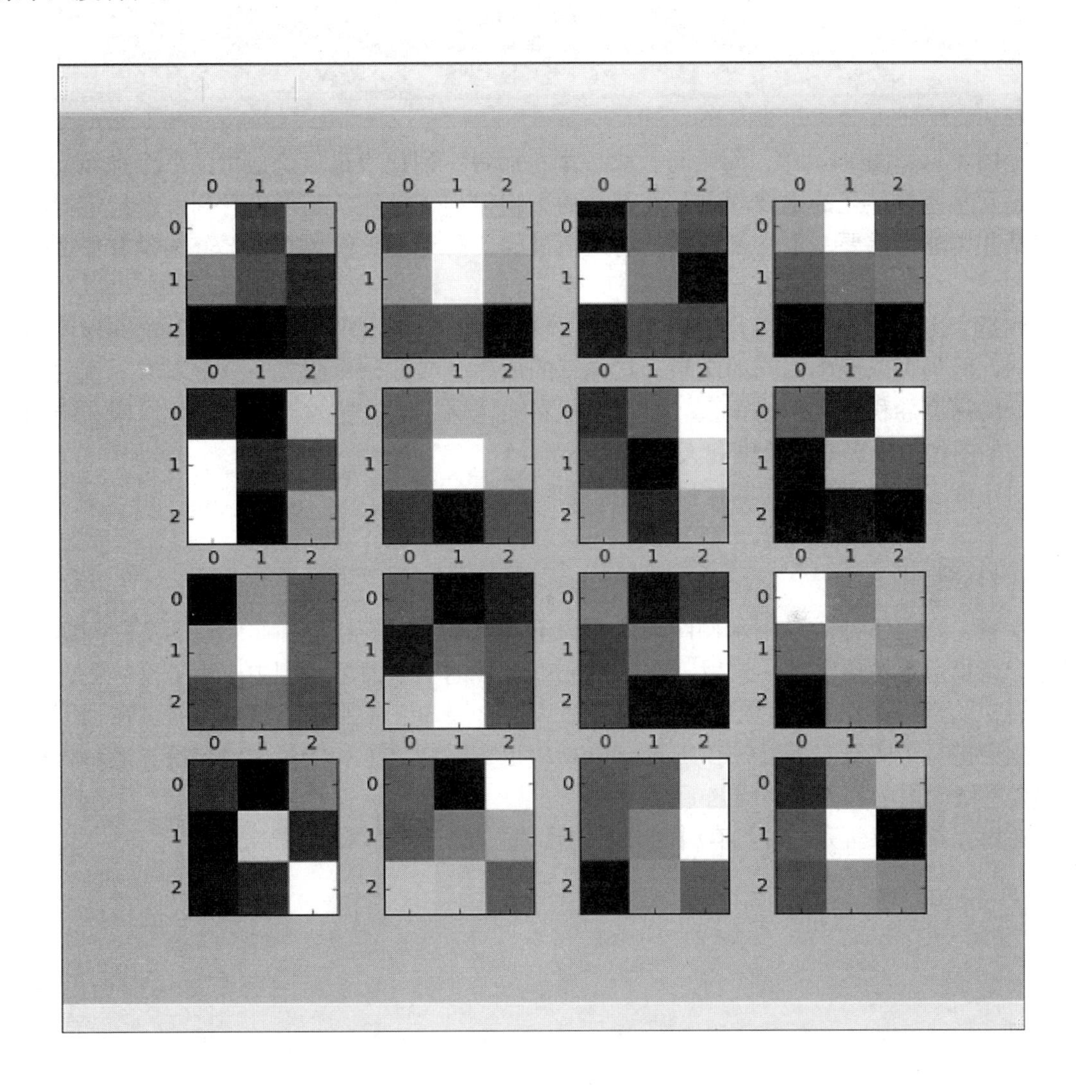

可以看到某些检测到像边缘或圆角的图案，或类似的不同图案。如果采用较大窗口的模型，可能会更加明显。但令人关注的是在这些小图像块中可以提取多少特征。

再来观察一下最后一层的权重，只是关注如何通过最后的密集连接神经元来解释不同的字体分类。

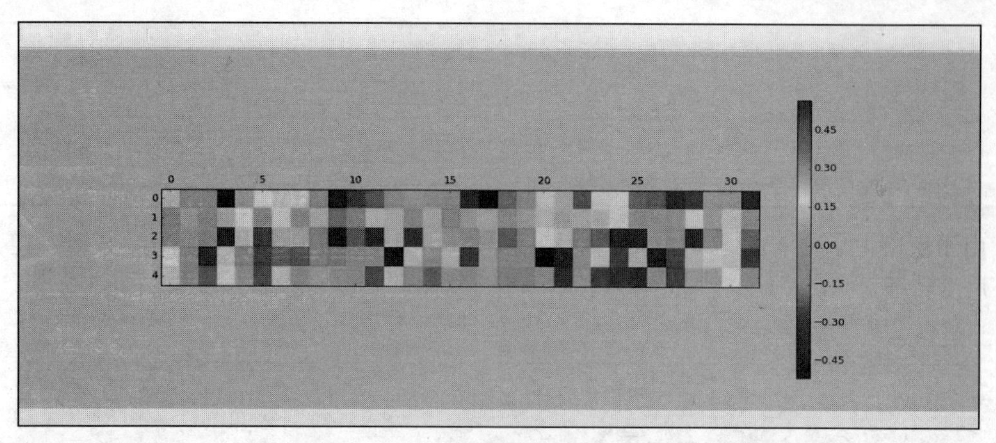

上图（见彩图 14）中，每一行代表一类，而每一列代表最后隐层中的一个神经元。某些类是受某些神经元的主要影响，而其余的影响很小。另外，还可以看到一个给定神经元对于某些类非常重要，不管是积极的还是消极的，而对于其他类则大部分是没有什么作用的。

注意，由于在卷积中进行了扁平化，不希望在输出中出现明显的结构。这些列可能顺序不同，但仍可以产生相同的结果。在本章的最后一节，分析研究了一个真实、直观且性能良好的深度卷积神经网络模型。通过卷积和池化层组合来树立一种思想，以便在结构化数据（如图像）中提取小尺度和大尺度的特征。

对于许多问题，这是功能最强大的神经网络之一。

3.8 小结

本章，介绍了针对一幅示例图像的卷积层，解决了理解卷积工作原理的实际问题，可以进行卷积但不希望混淆。最后，在 TensorFlow 中的一个简单示例中应用了这一概念。探讨了卷积的常用操作：池化层，并解释了最大池化层的工作原理。然后，通过在示例中添加池化层进行了实践。另外，在 TensorFlow 中也实际创建了一个最大池化层。最后，将卷积神经网络应用于字体分类问题。

在第 4 章，将研究一种具有时间分量的模型：**递归神经网络（RNN）**。

第 4 章 递归神经网络

在第 3 章中，已学习了解了卷积神经网络。现在，开始学习一种新的模型和问题——递归神经网络（RNN）。在本章，首先解释递归神经网络的工作原理，并在 TensorFlow 中实现。在此的示例问题是根据天气信息进行简单的季节预测。另外，还将学习 skflow，这是一个 TensorFlow 的简化接口。可快速重新实现之前的图像分类模型和新的 RNN 模型。在本章结束时，将会充分理解以下概念：

- 递归神经网络探讨；
- TensorFlow Learn；
- 密集连接神经网络（DNN）。

4.1　递归神经网络探讨

在本节，将探讨递归神经网络。首先介绍一些相关背景信息，然后着重分析一个天气建模问题。另外，还将在 TensorFlow 中实现和训练一个递归神经网络。

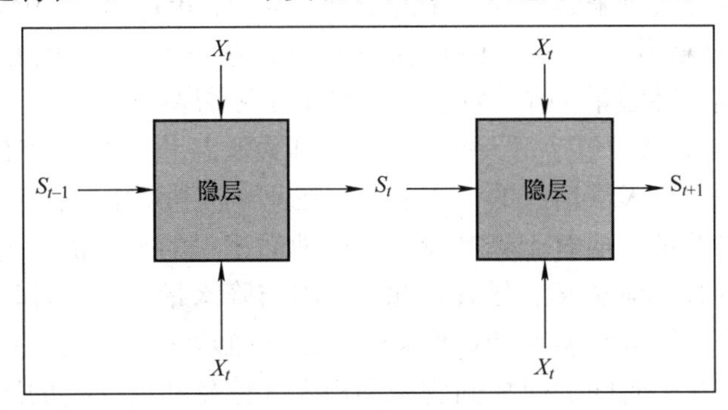

在一个典型模型中，具有 X 个输入特征，以及 Y 个需要预测的输出。通常，将不同的训练样本看作独立的观测量。因此，数据点 1 的特征不会影响数据点 2 的预测。但如果数据点是相关的呢？最常见的一个示例是每个数据点 X_t 表示在时刻 t 所采集的特征。自然而然地会假设时刻 t 和 t+1 的特征均会对 t+1 时刻的预测产生影响。也就是说，这些都是历史信息。

在建模时，可包含两倍的输入特征，并在当前特征上增加上一时间步长，从而计算两倍的输入权重。但在构建一个可计算转换特征的神经网络时，如果可在当前步长的神经网络中利用上一时间步长的中间特征值，则非常有用。

递归神经网络正是实现上述功能的。像往常一样，考虑输入特征 X_t，并增加一些状态，即来自之前时间步长的状态 S_{t-1} 作为附加特征。这时就可以计算预测权重 Y_t，同时还得到下一时间步长所用到的新的内部状态 S_t。对于第一个时间步长，通常采用默认或零初始状态。经典的递归神经网络就是这么简单，但目前的相关文献中已有更先进的结构，如门控递归单元和长短期记忆电路。尽管这些已超出本书范畴，但工作原理基本相同，且通常适用于同一类型的问题。

4.1.1 权重建模

或许读者现在非常想知道如何根据之前时间步长的状态来计算权重。计算梯度变化会涉及时间递归回溯计算，但无需担心，TensorFlow 可处理这些繁琐的工作，现在开始建模：

```
# read in data
filename = 'weather.npz'
data = np.load(filename)
daily = data['daily']
weekly = data['weekly']

num_weeks = len(weekly)
dates = np.array([datetime.datetime.strptime(str(int(d)),
                '%Y%m%d') for d in weekly[:,0]])
```

为阐述递归神经网络的具体应用，需要一个包含时间分量的数据建模问题。

字体分类问题在此就不太合适了。因此，考虑一些天气数据。weather.npz 文件中包含了美国某一城市的气象站所采集的几十年的数据。其中，daily 数组中包含了一年中每天的天气数据。首先从日期开始的 6 列中是相关数据，接下来是当天测量的降水量（单位为 in[⊖]）。之后的两列是降雪量：前一列是地面测量的积雪厚度；后一列是当天的降雪量（单位为 in）。最后是温度信息，包括每天的最高温度和最低温度（单位为°F[⊖]）。

weekly 数组中是每日天气信息的一周汇总。在此，将利用中间值来指示一周天气情况，然后计算一周的降水总量。而对于降雪量，将取地面积雪的平均值，这是因为在第二天增加前一天的积雪量没有任何意义。尽管如此，仍将与降水量一样，计算一周内的总和。最后，分别计算一周的平均最高温度和最低温度。现在就获得了天气信息数据集，但如何利用这些数据呢？一个基于时间的建模问题是利用天气信息和前几周的历史数据来预测某一周的季节。

在北半球的美国，6~8 月的天气比较暖和，而 12 月至次年 2 月相对较冷，其余时间是在上述两种天气状态下变化。通常春天雨水较多，而冬天经常有雪。虽然一周内天气变化可能会比较大，但一周的历史数据还是会提供一些预测功能。

⊖ 1in=0.0254m。——译者注

⊖ 1°F=$\frac{5}{9}$K。——译者注

4.1.2 递归神经网络理解

首先，从 NumPy 压缩数组中读取数据。如果要考察自己所建的模型，weather.npz 文件中已包含每日数据；利用 np.load 可将数组读入到数据字典，且将有用数据按周保存；num_weeks 中自然保存着所有数据点，在此是几十年的天气信息：

```
num_weeks = len(weekly)
```

为格式化每周信息，利用 Python 中的 datetime.datetime 对象来以年月日格式读取字符串：

```
dates = np.array([datetime.datetime.strptime(str(int(d)),
                '%Y%m%d') for d in weekly[:,0]])
```

在此，根据每周的日期来分配其季节。对于该模型，由于只关注天气数据，因此采用气象季节而不是常用的天文季节。值得庆幸的是，这非常容易利用 Python 函数来实现。从 datetime 对象中获取月份，由此可直接计算季节。春季是 3~5 月，记为季节零，夏季是 6~8 月，秋季是 9~11 月，最后冬季是 12 月至次年 2 月。以下是评估月份的简单函数及其实现：

```
def assign_season(date):
    ''' Assign season based on meteorological season.
        Spring - from Mar 1 to May 31
        Summer - from Jun 1 to Aug 31
        Autumn - from Sep 1 to Nov 30
        Winter - from Dec 1 to Feb 28 (Feb 29 in a leap
year)
    '''
    month = date.month
    # spring = 0
     if 3 <= month < 6:
        season = 0
    # summer = 1
    elif 6 <= month < 9:
        season = 1
    # autumn = 2
    elif 9 <= month < 12:
        season = 2
    # winter = 3
    elif month == 12 or month < 3:
        season = 3
    return season
```

注意，在此有 4 个季节和 5 个输入变量，即在历史状态中有 11 个值：

```
# There are 4 seasons
num_classes = 4

# and 5 variables
num_inputs = 5

# And a state of 11 numbers
state_size = 11
```

现在，可以计算标签：

```
labels = np.zeros([num_weeks,num_classes])
# read and convert to one-hot
for i,d in enumerate(dates):
    labels[i,assign_season(d)] = 1
```

在此，直接采用 one-hot 格式，即生成一个全零数组，并在所分配季节位置上设置为 1。非常简单，只是通过几个命令即可将几十年的时间归类。

由于这些输入特征量是完全不同的信息，即不同尺度的降雨量、降雪量和温度，因此需将其统一在同一尺度上。在下列代码中，将获取输入特征，忽略日期栏，并减去平均值以将所有特征值均集中在零处：

```
# extract and scale training data
train = weekly[:,1:]
train = train - np.average(train,axis=0)
train = train / train.std(axis=0)
```

接下来，将每个特征值除以标准差来统一尺度。这使得温度值范围在 0~100，而降雨量值在 0~10 变化。这时已完成数据预处理工作！尽管这些工作相对枯燥，但对于机器学习和 TensorFlow 非常关键。

现在开始进行 TensorFlow 建模：

```
# These will be inputs
x = tf.placeholder("float", [None, num_inputs])
# TF likes a funky input to RNN
x_ = tf.reshape(x, [1, num_weeks, num_inputs])
```

在此，将数据作为一个占位符变量输入，就可将整个数据集重新形成一个大的张量。无需担心，这是因为从技术角度上需要一个长的连续观测序列。变量 y_ 即输出：

```
y_ = tf.placeholder("float", [None,num_classes])
```

接下来，将要计算每个季节中每周的概率。

变量 cell 对于递归神经网络非常重要：

```
cell = tf.nn.rnn_cell.BasicRNNCell(state_size)
```

这将使得在 TensorFlow 中可知当前时间步长如何取决于之前时间步长的状态。在本例中，采用基本的递归神经网络 cell。因此，只需观察一周。假设已知状态大小或 11 个状态值。对于更多的外部 cell 和不同状态大小而言，也是非常方便的。

要利用变量 cell，需通过 tf.nn.dynamic_run 函数：

```
outputs, states = tf.nn.dynamic_rnn(cell,x_,
            dtype=tf.nn.dtypes.float32, initial_state=None)
```

这是一种智能化处理递归的方式，而不是简单地将所有时间步长展开到一个庞大的计算图中。由于在一个序列中具有数千个观测值，因此合理的处理速度至关重要。在 cell 处理之后，首先指定输入变量 x_，然后在 dtype 中使用 32 位浮点数来存储十进制数，最后是空的 initial_state。根据该函数的输出结果来构建一个简单模型，从这一点来看，该模型与任一神经网络的期望结果几乎一样。

接下来，乘以递归神经网络 cell 的输出结果和权重，并加上阈值后来计算这周内的每一种分类的得分：

```
W1 = tf.Variable(tf.truncated_normal([state_size,num_
classes],
                          stddev=1./math.sqrt(num_inputs)))
b1 = tf.Variable(tf.constant(0.1,shape=[num_classes]))
# reshape the output for traditional usage
h1 = tf.reshape(outputs,[-1,state_size])
```

在此需要重新排列以得到一个适当的尺寸大小，这是由于所具有的是一个长序列。

此处的 cross_entropy 分类损失函数和训练优化器已非常熟悉：

```
# Climb on cross-entropy
cross_entropy = tf.reduce_mean(
     tf.nn.softmax_cross_entropy_with_logits(y + 1e-50,
                                             y_))

# How we train
train_step = tf.train.GradientDescentOptimizer(0.01
                    ).minimize(cross_entropy)

# Define accuracy
correct_prediction = tf.equal(tf.argmax(y,1),
                              tf.argmax(y_,1))
accuracy=tf.reduce_mean(tf.cast(correct_prediction,
```

```
"float"))
```

至此，已建立了 TensorFlow 模型！为训练该模型，在此采用常用的循环结构：

```
# Actually train
epochs = 100
train_acc = np.zeros(epochs//10)
for i in tqdm(range(epochs), ascii=True):
    if i % 10 == 0:
  # Record summary data, and the accuracy
        # Check accuracy on train set
        A = accuracy.eval(feed_dict={x: train, y_: labels})
        train_acc[i//10] = A
    train_step.run(feed_dict={x: train, y_: labels})
```

由于这并非一个实际问题，因此不用担心模型的实际精度如何。目的只是观察递归神经网络的工作过程。可以看到，该模型与任何一种 TensorFlow 模型的工作过程类似：

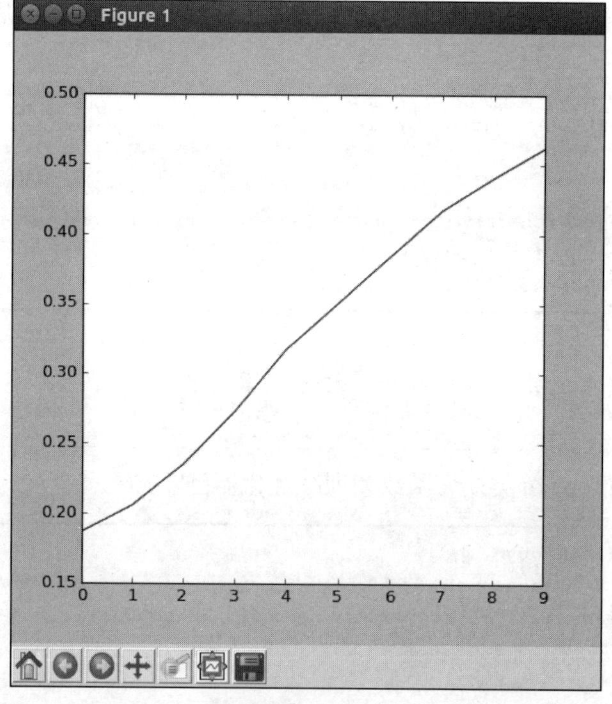

若要观测模型精度，由上图可知，该模型性能良好；要远优于 25% 的随机预测，但仍需要大量学习。

4.2 TensorFlow Learn

正如 Scikit-Learn 是一个传统机器学习算法的便捷接口，tf.contrib.learn(https://github.com/tensorflow/tensorflow/tree/master/tensorflow/contrib/learn/python/learn) 通常称为 skflow，

也是一种针对深度神经网络建模与训练的简化接口。且目前随 TensorFlow 免费安装！

即使对语法不熟悉，也值得学习一下 TensorFlow 的高级 API——TensorFlow Learn，这是因为它是目前官方支持的唯一一种 API。当然，应该了解还有许多可选的高级 API，且具有更直观的接口。如果有兴趣，请参见 Keras（https://keras.io/）和 tf.slim（包括 TF），要了解关于 TensorFlow-Slim 的更多信息，请参见 https://github.com/tensorflow/tensorflow/tree/master/tensorflow/contrib/slim 或 TFLearn（http://tflearn.org/）。

4.2.1 设置

要运行 TensorFlow Learn，只需先将其导入。另外，还需导入估计函数，这将有助于建立一般模型：

```
# TF made EZ
import tensorflow.contrib.learn as learn
from tensorflow.contrib.learn.python.learn.estimators
import estimator
```

除此之外，还需导入一些基本运算库，包括 grab NumPy、math 和 Matplotlib（可选）。这里值得注意的是 sklearn，这是一个可简化模型创建、训练和使用的通用机器学习库。在此，主要是用于便于测度，同时也会发现其具有一个针对 Learn 的类似主界面：

```
# Some basics
import numpy as np
import math
import matplotlib.pyplot as plt
plt.ion()

# Learn more sklearn
# scikit-learn.org
import sklearn
from sklearn import metrics
```

接下来，需读入一些待处理的数据。由于现已熟悉字体分类问题，因此直接来进行建模。为复用性起见，在此可选择最喜欢的数字作为 NumPy 的种子：

```
# Seed the data
np.random.seed(42)

# Load data
data = np.load('data_with_labels.npz')
train = data['arr_0']/255.
labels = data['arr_1']
```

对于该示例，可将数据分为训练集和测试集。np.random.permutation 是用于生成输入数据的随机顺序，然后即可像之前的模块一样来使用：

```
# Split data into training and validation
indices = np.random.permutation(train.shape[0])
valid_cnt = int(train.shape[0] * 0.1)
test_idx, training_idx = indices[:valid_cnt],\
                         indices[valid_cnt:]
test, train = train[test_idx,:],\
              train[training_idx,:]
test_labels, train_labels = labels[test_idx],\
                        labels[training_idx]
```

在此，tf.contrib.learn 可将任意数据类型转换为所接受的类型。为更好地发挥作用，需重建数据。图像输入数据为 np.float32，而不是默认的 64 位。另外，标签为 np.int32，而不是 np.unit8，尽管这可能会占用更多内存：

```
train = np.array(train,dtype=np.float32)
test = np.array(test,dtype=np.float32)
train_labels = np.array(train_labels,dtype=np.int32)
test_labels = np.array(test_labels,dtype=np.int32)
```

4.2.2 逻辑回归

现在，考虑一个简单的逻辑回归示例。该示例非常简单，且能够表明如何通过 learn 使得模型非常简单。首先，必须创建一组作为模型输入的变量。或许会希望变量参数非常简单，但实际上这是由 learn.infer_real_valued_columns_from_input 函数直接设置。基本情况是如果直接将输入数据赋予该函数，则会推断出有多少特征列及其正确格式。在该线性模型中，希望将图像数据变为一维，因此在推断特征时需重新排列：

```
# Convert features to learn style
feature_columns = learn.infer_real_valued_columns_from_
input(train.reshape([-1,36*36]))
```

现在创建一个称为 classifier 的新变量，并将其赋值为 estimator.SKCompat 结构体。这是一个 Scikit-Learn 兼容层，可允许在 TensorFlow 模型中使用某些 Scikit-Learn 模块。

不管怎样，这些都只是一些修正，而真正创建的模型是 learn.LinearClassifier。在此只是建立模型，而不进行训练。因此，仅需几个参数。第一个参数是 feature_columns 对象，是用于指定模型的期望输入。第二个参数恰好相反，是确定模型应具有多少个输出值。由于有 5 种字体，因此设 n_classes=5。这就是整个模型设定！

```
# Logistic Regression
classifier = estimator.SKCompat(learn.LinearClassifier(
           feature_columns = feature_columns,
           n_classes=5))
```

要训练模型，只需一行代码。根据输入数据（当然需要重建）、输出标签（注意不一定是 one-hot 格式）和几个参数来调用 classifier.fit。steps 参数是用于确定观测模型多少次，即执行多少次优化算法。batch_size 参数是指在一次优化过程中需要的数据点个数。因此，周期数可计算为步长乘以批次数量再除以训练集中的数据点个数。这似乎有些不直观，但至少是一种快速设定方法，可以编写一个说明函数来实现步长和周期之间的转换：

```
# One line training
# steps is number of total batches
# steps*batch_size/len(train) = num_epochs
classifier.fit(train.reshape([-1,36*36]),
               train_labels,
               steps=1024,
               batch_size=32)
```

为评估该模型，可采用 sklearn 的 metrics。但基本学习模型的预测输出是一个数据字典，其中包括预先计算的分类标签以及概率和 logits（未归一化概率）。在此利用 classes 的 key 来提取分类标签：

```
# sklearn compatible accuracy
test_probs = classifier.predict(test.reshape([-1,36*36]))
sklearn.metrics.accuracy_score(test_labels,
        test_probs['classes'])
```

4.3 深度神经网络

虽然目前已有更好的方法来实现纯线性模型，但利用层数可变来简化深度神经网络是 TensorFlow 和学习功能的核心所在。

在此，使用相同的输入特征，构建一个双隐层的深度神经网络：第一个隐层具有 10 个神经元；第二个具有 5 个神经元。虽然建立该模型只需一行 Python 代码，但其实并不容易。

设定过程类似于线性模型。仍需要 SKCompat，但这时是 learn.DNNClassifier。对于参数，多了一个附加要求：每个隐层中的神经元个数需以列表形式传递。这个简单的参数可以灵活运用深度学习的强大功能，是一个深度神经网络模型的真正核心。

另外，还有一些可选参数，但在此只介绍 optimizer。该参数可以允许选择不同的常用优化策略，如**随机梯度下降（SGD）**或 Adam。非常方便！

```
# Dense neural net
classifier = estimator.SKCompat(learn.DNNClassifier(
           feature_columns = feature_columns,
           hidden_units=[10,5],
           n_classes=5,
           optimizer='Adam'))
```

训练和评估过程与线性模型的情况完全相同。为了证明，也同样观察该模型创建的混淆矩阵。注意，现在并没有充分训练，因此该模型的性能无法与通过 TensorFlow 之前创建的相比：

```
# Same training call
classifier.fit(train.reshape([-1,36*36]),
             train_labels,
             steps=1024,
             batch_size=32)

# simple accuracy
test_probs = classifier.predict(test.reshape([-1,36*36]))
sklearn.metrics.accuracy_score(test_labels,
        test_probs['classes'])

# confusion is easy
train_probs = classifier.predict(train.reshape([-1,36*36]))
conf = metrics.confusion_matrix(train_labels,
         train_probs['classes'])
print(conf)
```

4.3.1　卷积神经网络在 Learn 中的应用

卷积神经网络的强大功能并不局限于在机器学习模型中的一些成功应用，所以希望 learn 函数可支持其应用。事实上，卷积神经网络库支持使用任意的 TensorFlow 代码！这其实也是一把双刃剑。支持任何代码意味着可利用 learn 来完成采用 TensorFlow 所实现的任何功能，只要给予极大的灵活性。但一般的接口往往使得代码读写更难。

如果发现利用该接口在构建中等复杂模型时存在困难，就最好通过 TensorFlow 或其他 API 来实现。

为论证这种普遍性，将构建一个简单的卷积神经网络来解决字体分类问题。该模型具有一个包含 4 个滤波器的卷积层，然后是具有 5 个神经元的密集连接隐层，最后是密集连接的输出逻辑回归。

在开始之前，首先需导入一些信息。不仅希望可访问通用的 TensorFlow，还需要以一种符合 learn 的方式通过 layers 模块来调用 TensorFlow 中的 layers。

```
# Access general TF functions
import tensorflow as tf
import tensorflow.contrib.layers as layers
```

通用接口必须要编写创建模型操作的函数。可能会觉得没有必要，但这是灵活性的价值所在。

首先定义一个称为 conv_learn 的新函数，其中包含 3 个参数：X 为输入数据；y 为输出标签（并不是 one-hot 格式）；mode 用于确定是训练还是测试。注意，永远不会直接应用该函数，只是将其传递给需要这些参数的构造函数。因此，想要改变层数或类型，还需要编写一个新的模型函数（或生成模型函数的另一个函数）：

```
def conv_learn(X, y, mode):
```

由于这是一个卷积模型，所以需要确保数据格式正确。特别是这意味着输入数据要重建，不仅具有正确的二维格式（36 × 36），而且还有一个颜色通道（最后一维）。这只是 TensorFlow 计算图的一部分，因此在此使用 tf.reshape，而不是 np.reshape。同理，又由于是一个通用的图，希望输出是 one-hot 编码，而 tf.one_hot 可提供该功能。注意，还需要确定有多少分类（5）、设置值是什么（1）以及非设置值是什么（0）：

```
# Ensure our images are 2d
X = tf.reshape(X, [-1, 36, 36, 1])
# We'll need these in one-hot format
y = tf.one_hot(tf.cast(y, tf.int32), 5, 1, 0)
```

现在开始具体实现了。要指定卷积层，首先初始化一个新的范围 conv_layer。这将确保不会影响其他任何变量。Layers.convolutional 提供了基本结构。可接受输入（一个 TensorFlow 张量）、多个输出（真正的内核或滤波器个数）以及内核大小，在此为 5 × 5 的窗口。对于激活函数，采用修正线性函数，这可从 TensorFlow 的主模块中调用。由此给出基本的卷积输出 h1。

最大池化层的操作与常规 TensorFlow 中完全一样，不难也不容易。具有通常内核大小和 strides 的 tf.nn.max_pool 函数按预期工作，并将其结果保存到 p1：

```
# conv layer will compute 4 kernels for each 5x5 patch
with tf.variable_scope('conv_layer'):
    # 5x5 convolution, pad with zeros on edges
    h1 = layers.convolution2d(X, num_outputs=4,
            kernel_size=[5, 5],
            activation_fn=tf.nn.relu)
    # 2x2 Max pooling, no padding on edges
    p1 = tf.nn.max_pool(h1, ksize=[1, 2, 2, 1],
            strides=[1, 2, 2, 1], padding='VALID')
```

现在，在此处将张量扁平化，需要计算准一维张量的元素个数。一种方法是将所有维的值相乘（除了位于第一位的 batch_size）。具体操作发生在计算图之外，因此使用 np.product。一旦提供总的大小，可将其传递给 tf.reshape 来切割重组图中的中间张量：

```
# Need to flatten conv output for use in dense layer
p1_size = np.product(
          [s.value for s in p1.get_shape()[1:]])
p1f = tf.reshape(p1, [-1, p1_size ])
```

现在开始构建密集连接层。在此，layers 模块再次出现，这次是采用 fully_connected 函数（密集连接层的另一个名称）。该函数也同样需要通用 TensorFlow 所提供的前一层、神经元个数以及激活函数。

出于示范目的，在此添加一个 dropout，layers.dropout 提供了接口。正如预期那样，该函数需要前一层信息以及保持给定节点输出不变的概率，但还需要传递给原始 conv_learn 函数的 mode 信息。所谓的复杂接口其实是指训练过程中的 drop 节点。如果处理好这一点，则基本上就完成了建模！

```
# densely connected layer with 32 neurons and dropout
h_fc1 = layers.fully_connected(p1f,
        5,
        activation_fn=tf.nn.relu)
drop = layers.dropout(h_fc1, keep_prob=0.5,
is_training=mode == tf.contrib.learn.ModeKeys.TRAIN)
```

接下来会有一些麻烦，就是需要手动编写最终的线性模型、损失函数和优化参数。这些会根据版本不同而不同，因为在某些情况下对用户更容易，但后台维护却比较困难。坚持一下，这并不算难。

另一个 layers.fully_connected 层实现了最终的逻辑回归。注意，这里的激活函数应为 None，因为这是纯线性的。处理方程 logistic 方面的是损失函数。值得庆幸的是，TensorFlow 提供了一个 softmax_cross_entropy 函数，因此无需手动编写。给定输入、输出和损失函数，即可执行优化程序。同样，layers.optimize_loss 函数可最小化损失以及所考虑问题的功能。为其赋予损失节点、优化器（一个字符串）和学习速率。此外，还需要 get_global_step() 参数来确保优化器能够正确处理衰减。

最后，该函数需要返回一些信息。首先，应提供预测的分类。其次，必须提供损失节点的输出。最后，必须对外部程序提供训练节点以真正执行：

```
logits = layers.fully_connected(drop, 5,
                                activation_fn=None)
loss = tf.losses.softmax_cross_entropy(y, logits)
# Setup the training function manually
train_op = layers.optimize_loss(
    loss,
    tf.contrib.framework.get_global_step(),
    optimizer='Adam',
    learning_rate=0.01)
return tf.argmax(logits, 1), loss, train_op
```

尽管设定模型会比较麻烦，但使用起来和之前一样容易。现在，利用最通用的程序 learn.Estimator，并在 model_fn 中导入模型函数。当然别忘记 SKCompat!

训练过程与之前的情况完全一样，只是需要注意在此无需重建输入，因为这是在函数内部处理的。

要利用该模型进行预测，可简单地调用 classifier.predict，但需要注意，函数返回的第一个参数是输出。在此选择返回分类，但同样也合理地返回 softmax 函数得到的概率。这就是有关 tf.contrib.learn 模型的所有基础知识！

```
# Use generic estimator with our function
classifier = estimator.SKCompat(
        learn.Estimator(
        model_fn=conv_learn))

classifier.fit(train,train_labels,
              steps=1024,
              batch_size=32)

# simple accuracy
metrics.accuracy_score(test_labels,classifier.
predict(test))
```

4.3.2 权重提取

尽管训练和预测是该模型的核心应用，但研究模型内部也很重要。遗憾的是，该 API 难以提取参数权重。不过，本节提供了一些弱文档特征的简单示例，以便从 tf.contrib.learn 模型中提取权重。

要想从模型中提取权重，实际上需要从 TensorFlow 计算图中的某些点处获取信息。TensorFlow 提供了多种方法来实现，但首要问题是确定所感兴趣的变量是什么。

在 learn 图中提供了变量名列表，但是隐藏在 _estimator 隐层属性下。调用 classifier._estimator.get_variable_names() 函数可返回变量名列表。不过大多数都是没有什么意义的，如 OptimizeLoss 项。在本例中，主要是寻找 conv_layer 和 fully_connected 元素：

```
# See layer names
print(classifier._estimator.get_variable_names())
['OptimizeLoss/beta1_power',
 'OptimizeLoss/beta2_power',
 'OptimizeLoss/conv_layer/Conv/biases/Adam',
 'OptimizeLoss/conv_layer/Conv/biases/Adam_1',
 'OptimizeLoss/conv_layer/Conv/weights/Adam',
 'OptimizeLoss/conv_layer/Conv/weights/Adam_1',
 'OptimizeLoss/fully_connected/biases/Adam',
 'OptimizeLoss/fully_connected/biases/Adam_1',
 'OptimizeLoss/fully_connected/weights/Adam',
 'OptimizeLoss/fully_connected/weights/Adam_1',
 'OptimizeLoss/fully_connected_1/biases/Adam',
 'OptimizeLoss/fully_connected_1/biases/Adam_1',
 'OptimizeLoss/fully_connected_1/weights/Adam',
 'OptimizeLoss/fully_connected_1/weights/Adam_1',
```

```
'OptimizeLoss/learning_rate',
'conv_layer/Conv/biases',
'conv_layer/Conv/weights',
'fully_connected/biases',
'fully_connected/weights',
'fully_connected_1/biases',
'fully_connected_1/weights',
'global_step']
```

要确定哪些项属于所关注的那一层是相对困难的。在此，conv_layer 显然是卷积层。而看到两个 fully_connected 元素，其中一个属于扁平化的密集连接层，而另一个属于输出权重。其实这是按顺序命名的。首先创建的密集连接隐层，所以得到 fully_connected 的基本名称，而输出层在后，因此后面增加了一个 _1。如果不确定，可通过查看取决于模型形状的权重数组的形状来判断。

为真正得到权重，需要调用另一个函数。这次是 classifier_estimator.get_variable_value，可提供变量名字符串，产生具有相关权重的NumPy数组。可以尝试来获得卷积权重和阈值，以及密集连接层：

```
# Convolutional Layer Weights
print(classifier._estimator.get_variable_value(
        'conv_layer/Conv/weights'))

print(classifier._estimator.get_variable_value(
        'conv_layer/Conv/biases'))

# Dense Layer
print(classifier._estimator.get_variable_value(
        'fully_connected/weights'))

# Logistic weights
print(classifier._estimator.get_variable_value(
        'fully_connected_1/weights'))
```

现在，已掌握了如何查看 tf.contrib.learn 神经网络内部信息的相关知识，这样，就更能够熟练应用这一高级 API。虽然该 API 在大多数情况下都是非常方便的，但在某些情况下也可能会比较麻烦。这时不要因麻烦而停下，可以考虑换一种库。对于不同的机器学习任务，要采用正确的机器学习工具。

4.4 小结

在本章学习了很多内容，从简单地理解递归神经网络到在一个新的 TensorFlow 模型中进行实现。另外，还学习了称为 TensorFlow Learn 的 TensorFlow 的简单接口。最后，分析研究了深度神经网络，并熟悉掌握了卷积神经网络以及详细的权重提取方法。

在第 5 章，将对 TensorFlow 进行总结整理，了解目前进展以及未来发展。

第 5 章 总结整理

在第 5 章，学习了 TensorFlow 的另一个接口以及递归神经网络。本章将对 TensorFlow 进行整理总结，了解目前进展以及未来发展。首先，将回顾在字体分类问题上所取得的进展，然后简要分析 TensorFlow 在深度学习中的作用以及未来的发展方向。在本章结束时，将熟悉以下概念：

- 研究评价；
- 所有模型的快速回顾；
- TensorFlow 的展望；
- 一些 TensorFlow 工程项目。

接下来，首先详细分析一下研究评价。

5.1 研究评价

本节将对用于字体分类问题的所有模型进行比较。首先，应注意各个模型的数据是什么样的。其次，主要分析简单逻辑密集连接神经网络和卷积神经网络模型，这时会发现已学习了有关利用 TensorFlow 进行建模的很多知识。

然而在继续进行深度学习之前，在此先回顾一下，并考虑如何针对字体分类问题对这些模型进行比较。首先，再次观察一下数据，以免忽视一些问题。实际上，主要是观察一幅包含所有字母和数字的图像，看一看有哪些形状：

```
# One look at a letter/digit from each font
# Best to reshape as one large array, then plot
all_letters = np.zeros([5*36,62*36])
for font in range(5):
    for letter in range(62):
        all_letters[font*36:(font+1)*36,
                letter*36:(letter+1)*36] = \
                train[9*(font*62 + letter)]
```

这在 Matplotlib 中有大量子图需要处理。因此创建一个新数组，其中包括高度为 5 幅图像，5 种字体乘以 36 个像素，而宽度为 62 幅图像，62 个字母或数字乘以 36 个像素。在分配一个零数组之后，填入训练图像。以字体和字母为标号，一次在一个大数组中创建

36×36 个值。注意，这里的 train 数组中只有 9 个元素，这是因为对于每种字母只有一种类型的变化。

接下来，快速调用 pcolormesh：

```
plt.pcolormesh(all_letters,
        cmap=plt.cm.gray)
```

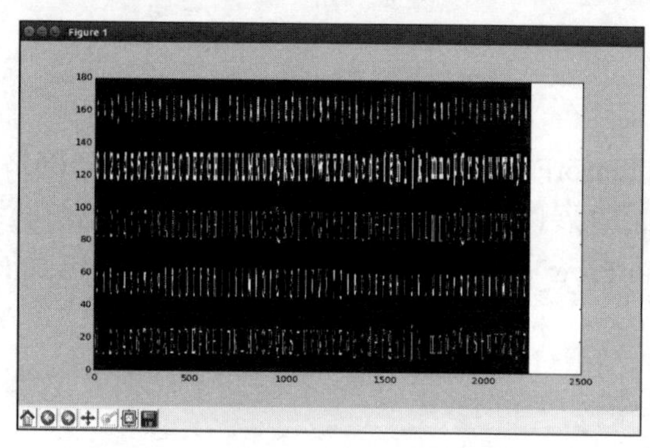

由上图可知，现有整个字母表，包括大小写以及数字 0~9。其中某些字体非常近似。另外，从直观上看，字体 0 也是一种类型。每种字体都有特殊的文体特性，希望在模型中可以区别出来。

5.2 所有模型的快速回顾

现在，回顾一下对于这些字体所建立的每种模型，以及各自的优缺点：

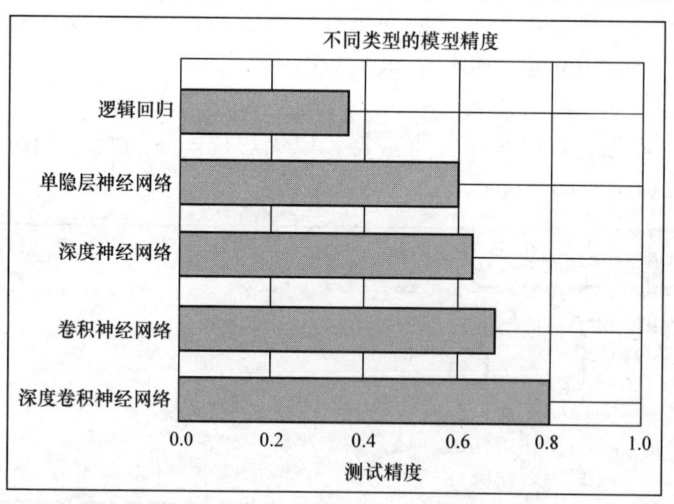

由上图可知，逐步建立了更加复杂的模型，并考虑数据结构以提高精度。

5.2.1 逻辑回归模型

首先分析简单逻辑回归模型：

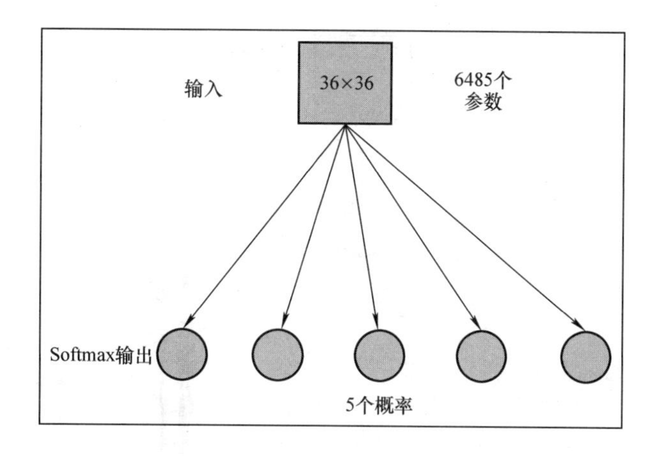

其中具有 36 × 36 个像素加上 1 个阈值，并乘以 5 个分类总权重，或需要训练的 6485 个参数。经过 1000 个周期后，该模型可达到约 40% 的测试精度。具体结果或许有所不同。尽管相对较差，但该模型还是具有一定的优势。

回顾一下代码：

```
# These will be inputs
## Input pixels, flattened
x = tf.placeholder("float", [None, 1296])
## Known labels
y_ = tf.placeholder("float", [None,5])

# Variables
W = tf.Variable(tf.zeros([1296,5]))
b = tf.Variable(tf.zeros([5]))

# Just initialize
sess.run(tf.initialize_all_variables())

# Define model
y = tf.nn.softmax(tf.matmul(x,W) + b)
```

逻辑回归的简单性意味着可以直接观察并计算每个像素对分类概率的影响。这种简单性也使得模型在训练过程中能够相对快速地收敛。当然，执行也相对较快，这是因为只需几行 TensorFlow 代码。

5.2.2 单隐层神经网络模型

下一个模型是单隐层密集连接神经网络模型，其中包括一个最终 softmax 激活函数层，相当于逻辑回归：

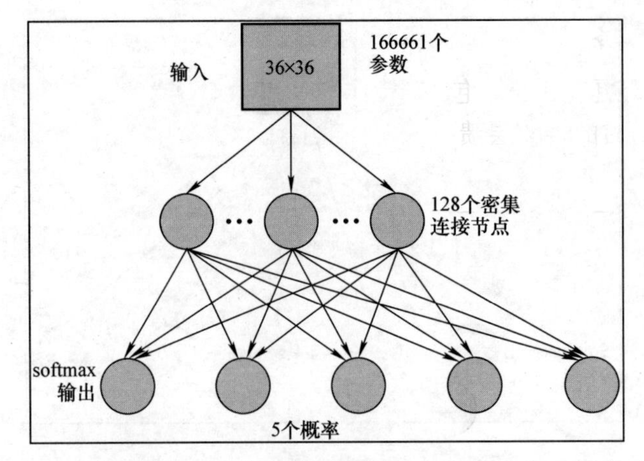

该模型具有 36 × 36 个像素加上 1 个阈值再乘以 128 个节点，再加上 128 个隐层节点加上 1 个阈值乘以 5 种分类总权重，或 166661 个参数。隐层采用 sigmoid 激活函数来实现非线性。经过 5000 个周期后，参数达到 60% 左右的测度精度，有了相当大的改进。然而这种改进的代价是计算复杂度中参数个数大幅增加，这可以从下列代码中有所体会：

```
# These will be inputs
## Input pixels, flattened
x = tf.placeholder("float", [None, 1296])
## Known labels
y_ = tf.placeholder("float", [None,5])

# Hidden layer
num_hidden = 128
W1 = tf.Variable(tf.truncated_normal([1296, num_hidden],
                              stddev=1./math.sqrt(1296)))
b1 = tf.Variable(tf.constant(0.1,shape=[num_hidden]))
h1 = tf.sigmoid(tf.matmul(x,W1) + b1)

# Output Layer
W2 = tf.Variable(tf.truncated_normal([num_hidden, 5],
                              stddev=1./math.sqrt(5)))
b2 = tf.Variable(tf.constant(0.1,shape=[5]))

# Just initialize
sess.run(tf.initialize_all_variables())

# Define model
y = tf.nn.softmax(tf.matmul(h1,W2) + b2)
```

虽然不再有针对单个像素简单函数来计算分类概率，但也只需几行代码，并有较好的性能。

5.2.3 深度神经网络

深度神经网络又更进一步，包括第一层的 128 个节点，在对 softmax 馈入共计 170309 个参数之前，先对随后的第二层馈入了 32 个节点。实际上并没有那么多：

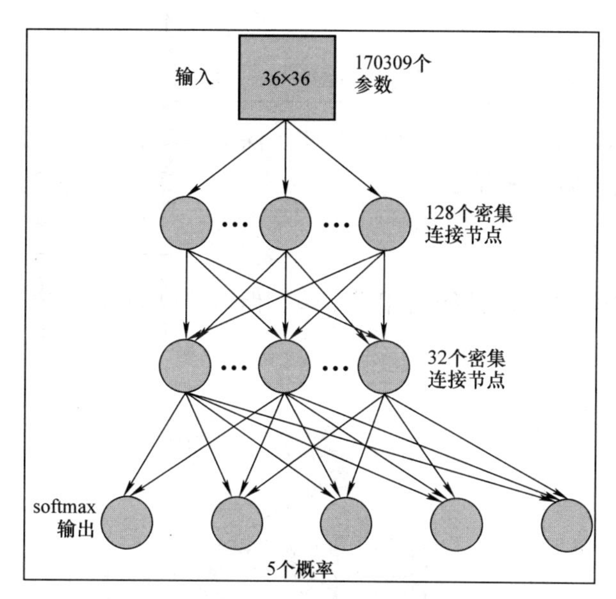

经过 25000 个周期后，最高可达到 63% 的测试精度：

```
# These will be inputs
## Input pixels, flattened
x = tf.placeholder("float", [None, 1296])
## Known labels
y_ = tf.placeholder("float", [None,5])

# Hidden layer 1
num_hidden1 = 128
W1 = tf.Variable(tf.truncated_normal([1296,num_hidden1],
                               stddev=1./math.sqrt(1296)))
b1 = tf.Variable(tf.constant(0.1,shape=[num_hidden1]))
h1 = tf.sigmoid(tf.matmul(x,W1) + b1)

# Hidden Layer 2
num_hidden2 = 32
W2 = tf.Variable(tf.truncated_normal([num_hidden1,
            num_hidden2],stddev=2./math.sqrt(num_hidden1)))
b2 = tf.Variable(tf.constant(0.2,shape=[num_hidden2]))
h2 = tf.sigmoid(tf.matmul(h1,W2) + b2)

# Output Layer
W3 = tf.Variable(tf.truncated_normal([num_hidden2, 5],
```

```
                               stddev=1./math.sqrt(5)))
b3 = tf.Variable(tf.constant(0.1,shape=[5]))

# Just initialize
sess.run(tf.initialize_all_variables())

# Define model
y = tf.nn.softmax(tf.matmul(h2,W3) + b3)
```

更深度的模型可能性能会更好，但这表明了深度学习的强大功能，可处理相当大的非线性，但同时也需要更多的编程工作。

5.2.4 卷积神经网络

尽管密集连接神经网络的性能已相当不错，但对字体而言，是由其样式定义的，而不是特定的像素：

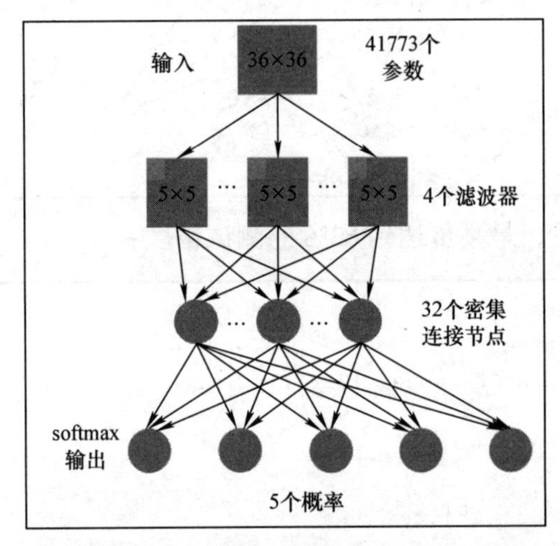

反复出现的局部特征是构建模型的主要线索。利用卷积神经网络可以捕捉到一些局部特征。首先是一个卷积层，在 5×5 的窗口中计算 4 种特征以及利用修正线性单元提取感兴趣局部参数的 4 个额外阈值。接下来是应用于每个特征的 2×2 的最大池化层，可将中间值个数降到 18×18×4 加上 1 个阈值。将上述值扁平化处理为 1297 个数字，并输入到密集连接神经网络的 32 个节点中，然后通过 softmax 激活函数来完成共计 41773 个参数的模型。

尽管在实现和代码上更加复杂，但这极大地减少了模型的整体大小：

```
# Conv layer 1
num_filters = 4
winx = 5
winy = 5
W1 = tf.Variable(tf.truncated_normal(
```

```
    [winx, winy, 1 , num_filters],
    stddev=1./math.sqrt(winx*winy)))
b1 = tf.Variable(tf.constant(0.1,
                shape=[num_filters]))
# 5x5 convolution, pad with zeros on edges
xw = tf.nn.conv2d(x_im, W1,
                  strides=[1, 1, 1, 1],
                  padding='SAME')
h1 = tf.nn.relu(xw + b1)
# 2x2 Max pooling, no padding on edges
p1 = tf.nn.max_pool(h1, ksize=[1, 2, 2, 1],
        strides=[1, 2, 2, 1], padding='VALID')

# Need to flatten convolutional output for use in dense
layer
p1_size = np.product(
          [s.value for s in p1.get_shape()[1:]])
p1f = tf.reshape(p1, [-1, p1_size ])

# Dense layer
num_hidden = 32
W2 = tf.Variable(tf.truncated_normal(
     [p1_size, num_hidden],
     stddev=2./math.sqrt(p1_size)))
b2 = tf.Variable(tf.constant(0.2,
     shape=[num_hidden]))
h2 = tf.nn.relu(tf.matmul(p1f,W2) + b2)

# Output Layer
W3 = tf.Variable(tf.truncated_normal(
     [num_hidden, 5],
     stddev=1./math.sqrt(num_hidden)))
b3 = tf.Variable(tf.constant(0.1,shape=[5]))

keep_prob = tf.placeholder("float")
h2_drop = tf.nn.dropout(h2, keep_prob)
```

经过 5000 个周期训练后，可达到 68% 的测试精度。虽然需要一些卷积代码，但这并没有什么难度。通过将一些知识应用于问题的结构中，可减少模型大小，同时又提高精度。这简直太棒了！

5.2.5 深度卷积神经网络

将深度和卷积方法相结合，最终建立了具有几个卷积层的模型：

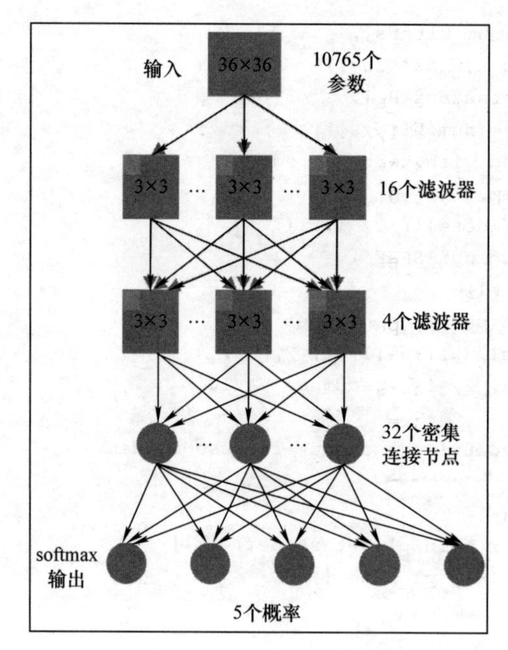

虽然在此采用了较小的 3×3 窗口，但在第一个卷积层计算了 16 个滤波器。之后是一个 2×2 的最大池化层，又在另一个 3×3 窗口中对池化值计算了 4 个滤波器。另一个池化层再次馈入 32 个密集连接神经元和 softmax 输出。由于在馈入密集连接神经网络之前，在池化层中进行了多次卷积，因此实际上该模型的参数更少（准确地说是 10765 个），这几乎和逻辑回归模型差不多。然而，经过 6000 个周期后，模型最高可达到 80% 的测试精度，这是对深度学习和 TensorFlow 能力的一种证明。

```
# Conv layer 1
num_filters1 = 16
winx1 = 3
winy1 = 3
W1 = tf.Variable(tf.truncated_normal(
    [winx1, winy1, 1 , num_filters1],
    stddev=1./math.sqrt(winx1*winy1)))
b1 = tf.Variable(tf.constant(0.1,
                 shape=[num_filters1]))
# 5x5 convolution, pad with zeros on edges
xw = tf.nn.conv2d(x_im, W1,
                  strides=[1, 1, 1, 1],
                  padding='SAME')
h1 = tf.nn.relu(xw + b1)
# 2x2 Max pooling, no padding on edges
p1 = tf.nn.max_pool(h1, ksize=[1, 2, 2, 1],
        strides=[1, 2, 2, 1], padding='VALID')

# Conv layer 2
num_filters2 = 4
```

```
winx2 = 3
winy2 = 3
W2 = tf.Variable(tf.truncated_normal(
    [winx2, winy2, num_filters1, num_filters2],
    stddev=1./math.sqrt(winx2*winy2)))
b2 = tf.Variable(tf.constant(0.1,
     shape=[num_filters2]))
# 3x3 convolution, pad with zeros on edges
p1w2 = tf.nn.conv2d(p1, W2,
       strides=[1, 1, 1, 1], padding='SAME')
h1 = tf.nn.relu(p1w2 + b2)
# 2x2 Max pooling, no padding on edges
p2 = tf.nn.max_pool(h1, ksize=[1, 2, 2, 1],
     strides=[1, 2, 2, 1], padding='VALID')
```

5.3 TensorFlow 的展望

在本节中，将探讨 TensorFlow 是如何改进的、是谁最先使用 TensorFlow 以及如何促进 TensorFlow 的发展。

尽管 TensorFlow 最早是在 2015 年年底发布的，但目前已有多个版本：

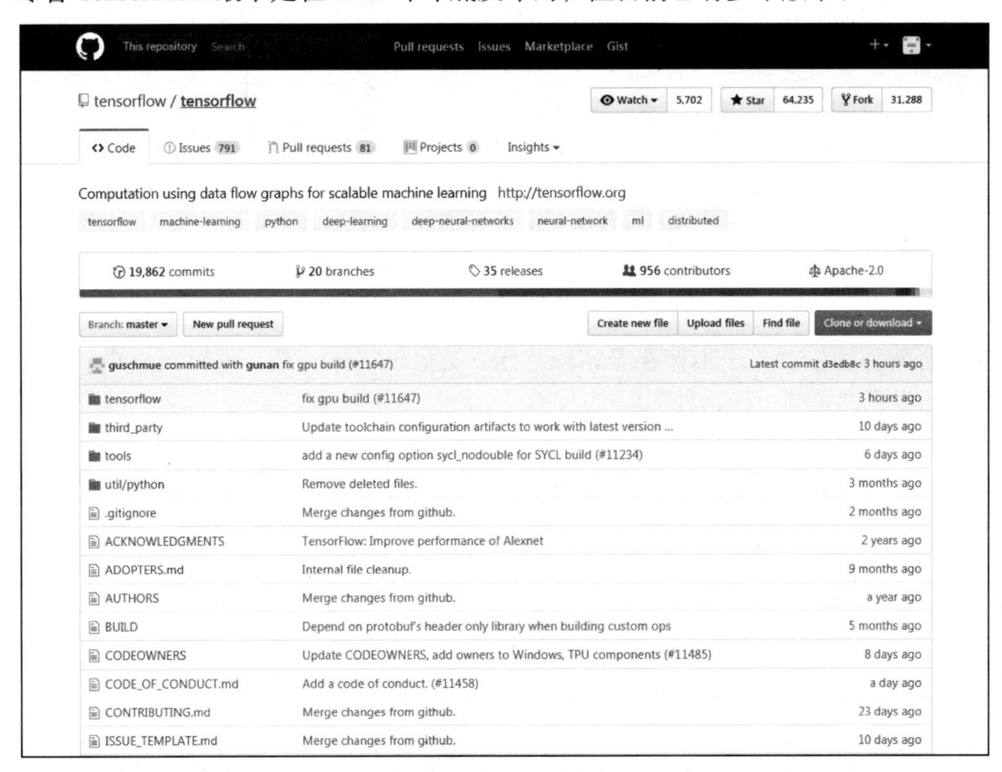

TensorFlow 不断更新。尽管不是 Google 公司的官方产品，但也在 GitHub 上开发源代码并托管。在撰写本书时，TensorFlow 的版本是 1.2。最新发布的版本中增加了分布式计算功能。这已超出了本书范畴，但一般来说，可允许在多台机器上跨多个 GPU 进行计算以实现最大并行处理。在目前的快速发展下，更多的功能指日可待。TensorFlow 已日益流行。

一些软件公司已发布了最新的机器学习框架，但 TensorFlow 在实际应用中独领风骚。在 Google 公司内部也是如此，他们宣布 DeepMind 公司团队已转而使用 TensorFlow 进行开发。

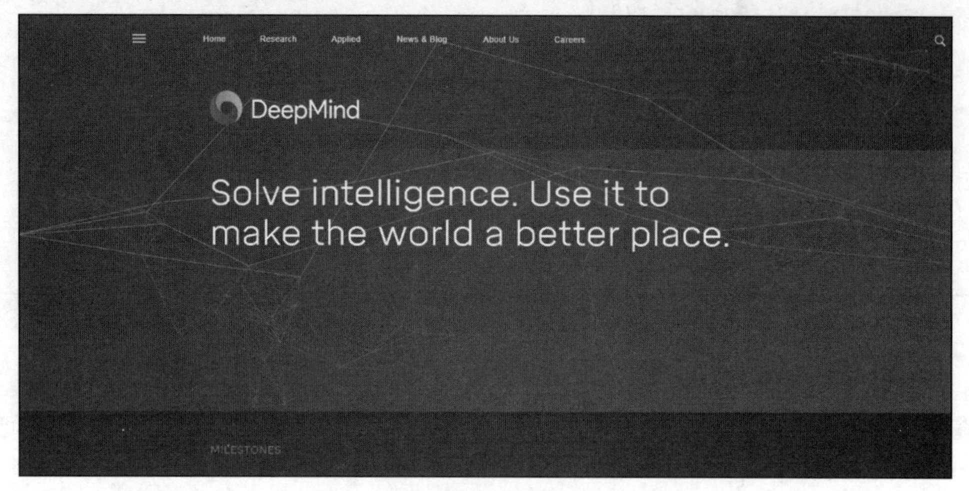

另外，许多从事机器学习或数据科学项目研究的大学也开始使用 TensorFlow，无论是用于教学还是研究项目。当然，您也使用 TensorFlow 进行了一个研究项目，所以现在也已位于前列。

5.3.1 一些 TensorFlow 工程项目

目前，不管是大公司还是小公司都已开始使用 TensorFlow。如今您也是一名 TensorFlow 的从业者，只是受限于研究问题和可用的计算资源。在此，提供一些能够利用 TensorFlow 来解决问题的思路：

- **叶片图像分类**

在一个物种的植物叶子中存在着相似特征，类似于字体。是否可以通过建立模型来仅依据一幅图像识别是哪一种物种呢？

- **在 dashcam 视频中识别交通标志**

假设在长途旅行中拍摄了大量 dashcam 画面。高速公路上的交通标志可以提供很多信息，如现在位于何处、限速信息等。可以建立一系列 TensorFlow 模型来获取画面中的限速标志吗？

- **在交通运输研究中预测出行时间**

另外，不管单位与家距离多近，通勤时间都会被嫌太长。在给定如交通和天气的当地情况下，是否能够建立一个基于回归的模型来预测出行时间？

- **匹配算法，寻找一个合适日期**

最后，一个初创想法是使用 TensorFlow 来研究匹配算法。如果在不久的将来，通过算法获得您的生日，不要惊讶。

在此，可列出很多基于 TensorFlow 的研究项目。有可能会发现一些感兴趣的项目，如果没有，这也是一个可以做出贡献的领域。目前已有许多机器学习库，但 TensorFlow 会不断发展。

虽然本书主要关注于深度学习，但 TensorFlow 也是一个通用的图形计算库。

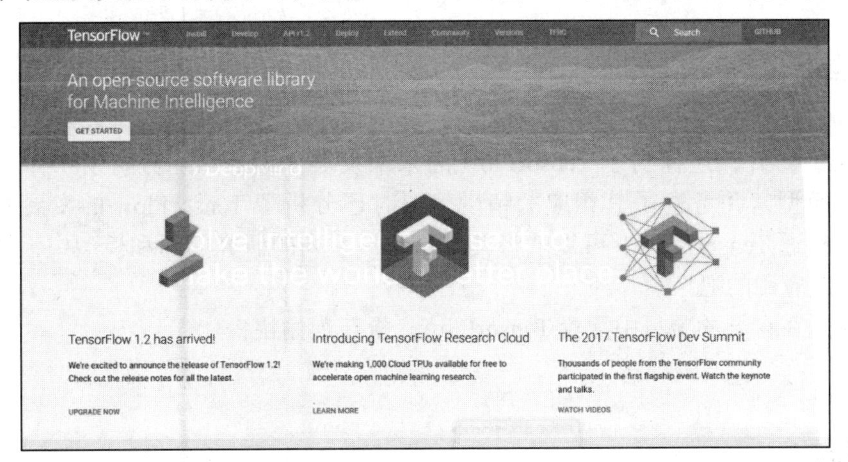

深度神经网络实际上是一种数据建模 sliver，恰好 TensorFlow 处理得很好。但正如在第 1 章中的简单计算一节中所述，对于简单计算，可将任何操作设定为一个图，从而在 TensorFlow 中实现。一个实际的例子就是在 TensorFlow 中实现 k 均值的聚类。

更一般的，向量操作和需要某种训练的操作更适合采用 TensorFlow。这表明您是 TensorFlow 的未来！

TensorFlow 是开源的，且随时都在更新。因此，可以在 GitHub 上很容易地贡献新的功能。这可能是高度复杂的新模型类型，也可能是简单的文档更新。

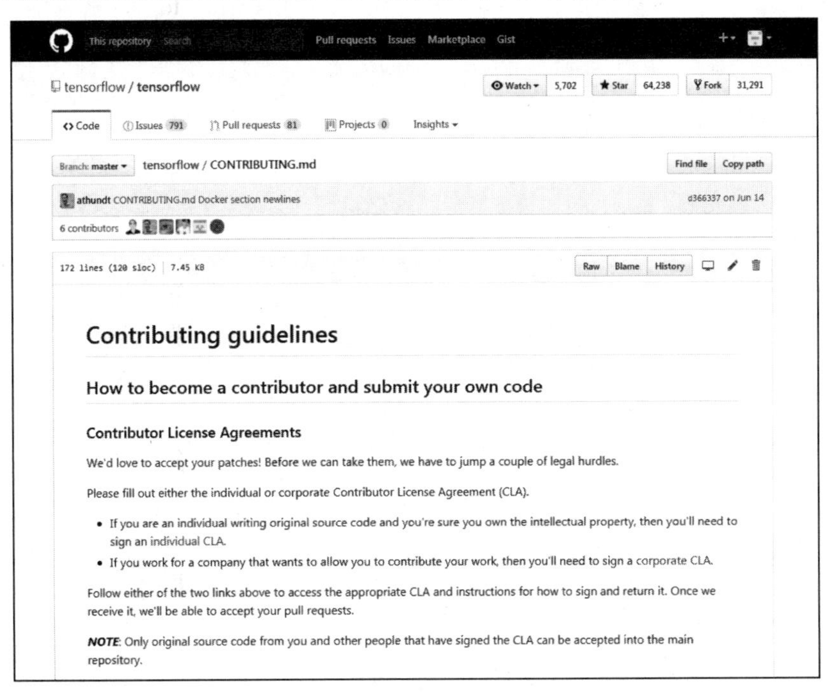

所有的更新都可以改善库。TensorFlow 的流行意味着您是最早掌握该工具的专业人才。现在您已处于机器学习研究的边缘。无论您从事什么领域，TensorFlow 不仅仅是用于深度学习，还可能适用于某些方面。

5.4 小结

本章回顾了如何从一个简单的逻辑回归模型逐步深入到通过深度卷积神经网络来实现字体分类。另外，还探讨了 TensorFlow 的未来发展。最后，还分析了字体分类的所有 TensorFlow 模型，并考察了其相应的精度。同时还分析了 TensorFlow 的发展方向。恭喜您！现在已精通 TensorFlow。可以就将其应用到一系列的研究问题和模型中，并了解其是如何得到广泛应用的吧！

下一步是在自己的项目中配置 TensorFlow。祝建模愉快！